Crustacés de la Réunion

Décapodes et stomatopodes

Crustacés de la Réunion
Décapodes et stomatopodes

Joseph Poupin

Étude réalisée à l'Institut de recherche de l'École navale (Irenav)

Ouvrage publié avec le soutien de la Réserve nationale marine de la Réunion

IRD Éditions
Institut de recherche
pour le développement

Marseille, 2009

Photo de couverture
Vie océane/F. Trentin – L'anomoure, *Allogathea elegans*, dans les rameaux d'une comatule.

Sauf mention particulière, les photos sont de Joseph Poupin.

Préparation éditoriale et coordination
Catherine Plasse

Mise en page
Bill Production

Correction
Marie-Odile Charvet Richter

Maquette de couverture
Michelle Saint-Léger

Maquette intérieure
Gris Souris

ISBN : 978-2-7099-1676-9

Remerciements

Ce travail d'inventaire a été possible grâce à un financement du conseil régional de la Réunion pour une mission de trois semaines réalisée dans les locaux du parc marin de Saint-Leu, en mars-avril 2008. Sur place, l'assistance des institutions et des personnes mentionnées ci-dessous a été décisive pour tirer le meilleur parti de ce court séjour scientifique. À tous, nous adressons nos sincères remerciements.

Le directeur du parc marin, Emmanuel Tessier, assisté par Adeline Pouget, a dirigé de façon efficace toute la logistique de cette mission et a organisé le planning des sorties et les rencontres avec plusieurs plongeurs photographes sous-marins. Chacun à leur niveau, tous les membres du parc marin présents au moment de l'étude ont contribué à l'obtention de résultats scientifiques satisfaisants : Christine Sinama, Bruce Cauvin, Yanick Clain, Willy Domitin, Jérôme Clotagatide, Sully Blancard et Guillaume Nedelec.

Sonia Ribes, directrice du Muséum d'histoire naturelle de la Réunion, a participé à quelques sorties de nuit et nous a fourni plusieurs photographies et échantillons de crustacés marins.

Florence Trentin, de l'association Vie océane, a transmis de nombreuses photographies de crustacés marins et a participé à plusieurs sorties nocturnes dans le lagon. Alain Barrère, de cette même association, a participé à une sortie de nuit à l'Étang-Salé-les-Bains, avec la récolte de plusieurs petites espèces, et Lucie Maillot, également de Vie océane, nous a donné quelques photos de crevettes Alpheidae.

Jean-Pascal Quod, directeur de l'Agence pour la recherche et la valorisation marines (Arvam), a transmis quelques photographies pour illustrer les biotopes et une compilation de l'inventaire disponible avant cette mission. Ce fichier a été très utile pour construire rapidement la base de données qui a servi de support à cet inventaire.

Henrich Bruggemann, directeur du laboratoire Ecomar de l'université de la Réunion, a mis à disposition une partie des crustacés récoltés pendant son programme de recherche ANR Biotas au cours d'un après-midi de déterminations dans son laboratoire, et il nous a autorisé à utiliser les photographies de crustacés prises au cours de ce programme. Ces photographies ont été mises à notre disposition sur serveur FTP par un des participants à Biotas, Gustav Paulay de l'université de Floride. Patrick Frouin, du laboratoire Ecomar, a été l'un des initiateurs de cette mission à la Réunion et a également transmis quelques-unes de ses photographies.

Patrick Durville et T. Mulochau, de l'aquarium de Saint-Gilles, ont transmis quelques photographies et permis l'observation des langoustes locales dans les bacs de l'aquarium.

Alain Diringer, Laurent Bêche et Eric Lancelot, plongeurs photographes sous-marins chevronnés, nous ont aimablement fourni leurs photographies de crustacés marins.

Plusieurs systématiciens confirmés ont collaboré pour la détermination de certaines espèces à partir des photographies, par ordre alphabétique : S. T. Ahyong, A. Anker, A. J. Bruce, P. Castro, T. Y. Chan, P. C. Dworschak, C. H. Fransen, R. Lemaitre, E. Macpherson, I. Marin, P. K. Ng.

Sommaire

Introduction

Les crustacés décapodes (langoustes, crevettes, bernard-l'ermite, crabes) et stomatopodes (squilles) comptent plusieurs espèces d'intérêt commercial. Avec le développement des loisirs sous-marins, certaines petites espèces sont également recherchées par les amateurs de photographies sous-marines ou les aquariophiles. Pour ces raisons, ils sont relativement bien connus au sein du groupe des crustacés qui comprend plusieurs dizaines de milliers d'espèces réparties en six classes, les branchiopodes, rémipèdes, céphalocarides, maxillopodes, ostracodes, et malacostracés.

Pour autant, les décapodes et les stomatopodes, de la classe des malacostracés, ne sont pas des groupes dont la systématique est simple. Si les stomatopodes ne constituent qu'un petit taxon d'environ 400 espèces, les décapodes sont, eux, beaucoup plus divers et comptent plus de 14 000 espèces. Pour les seuls crabes, l'inventaire mondial de Ng *et al.* (2008) recense près de 6 800 espèces et sous-espèces valides. Leur taille est très variable, comprise entre quelques millimètres pour les crabes Cryptochiridae qui vivent dans les coraux à près de 4 m d'envergure, pour le crabe géant *Macrocheira kaempferi* pêché en profondeur au large du Japon. Ces espèces colonisent le milieu marin, depuis la ligne de rivage jusqu'aux profondeurs abyssales, les eaux saumâtres des estuaires et mangroves, les eaux douces des rivières et torrents et le milieu terrestre, parfois jusqu'à plusieurs centaines de mètres d'altitude en montagne. De nombreuses espèces sont groupées en complexes d'espèces, où de petites variations morphologiques séparent des espèces à première vue très similaires. La distinction de ces espèces jumelles est difficile, même pour les taxonomistes qui doivent compléter les observations sur la morphologie externe par des critères de coloration, des mesures biométriques, des éléments d'information sur l'écologie et, éventuellement, le séquençage de la molécule d'ADN.

Fig. 1 – Situation de l'île de la Réunion dans l'océan Indien occidental.

Dans un groupe aussi diversifié, la réalisation d'inventaires régionaux est toujours difficile, en particulier en milieu tropical où la biodiversité est la plus forte. Dans les territoires et départements français de l'Indo-Pacifique, des inventaires des décapodes et stomatopodes ont déjà été proposés pour la Nouvelle-Calédonie (PAYRI et RICHER de FORGES, 2007 ; JUNCKER et POUPIN, 2009), Wallis et Futuna (POUPIN et JUNCKER, 2008), la Polynésie française (POUPIN, 2005) et Clipperton (POUPIN *et al.*, 2009). À ce jour, les bilans provisoires les plus actualisés sont ceux de Polynésie française et de Nouvelle-Calédonie, avec plus d'un millier d'espèces dans chacune de ces régions.

Dans l'océan Indien occidental, l'inventaire de l'île de la Réunion est moins avancé. Il se limitait avant ce travail à une liste de 13 stomatopodes (MOOSA, 1985) et à environ 190 espèces valides de décapodes dans une liste proposée par BOURMAUD (2003), essentiellement à partir du travail de RIBES (1978) sur les petits crustacés associés aux coraux et comprenant notamment les crevettes Pontoniinae et Alpheidae et les crabes Trapezoidea.

Ce travail complète donc le bilan précédent et propose une liste d'espèces à jour pour la Réunion. Il s'appuie sur une compilation bibliographique plus large que celles réalisées jusque-là, une mission d'échantillonnage réalisée en mars-avril 2008, et quelques pêches de profondeur au casier organisées en octobre 2008. Ce bilan montre qu'au minimum 483 espèces valides sont présentes dans l'île et à ses abords. La liste taxonomique indique l'origine de chaque signalement. Elle est complétée par un historique des récoltes dans l'île, une revue illustrée des espèces les plus communes, par biotopes ou associations remarquables, et une analyse zoogéographique. La base de données, constituée pour réaliser cette étude, est par ailleurs en ligne sur internet, avec la possibilité d'y effectuer des recherches personnalisées et de consulter des photographies et données complémentaires (POUPIN et MASSOUKOU, http://biodivreunion.free.fr/).

Cet inventaire illustré et documenté des crustacés décapodes et stomatopodes de l'île de la Réunion est un premier pas nécessaire pour disposer un jour d'un véritable guide faunistique régional, avec des clés de détermination et des illustrations de la plupart des espèces. Il devra être amélioré par l'étude systématique exhaustive de certaines collections, par de nouvelles récoltes et photographies, et par des observations complémentaires sur l'écologie des espèces. Mais pour l'heure, ce travail souligne la grande biodiversité de la faune locale, fournit des éléments d'écologie et une iconographie suffisante pour permettre la reconnaissance des espèces les plus communes. En l'absence d'autre document de synthèse, ce bilan sera utile aux scientifiques et gestionnaires du milieu marin, particulièrement fragile à la Réunion. Il est également destiné aux naturalistes et amateurs du milieu récifal, en particulier les plongeurs photographes dont la contribution iconographique s'est ici avérée importante. En évitant les prélèvements de spécimens ou des coraux auxquels ils peuvent être associés, la photographie sous-marine constitue une méthode d'étude respectueuse du milieu marin. La connaissance et la protection du milieu récifal ne peuvent que bénéficier d'une bonne collaboration entre les scientifiques et les photographes sous-marins passionnés, comme ceux qui ont participé à ce travail.

Glossaire

Bathyal supérieur : fond marin prolongeant le talus continental entre 100-200 m et environ 1 200 m.

Bathypélagique : zone pélagique située entre 1 000-4 000 m.

Carène : nom employé pour qualifier les bords anguleux ou aplatis des pattes ou de la carapace, chez certains crustacés.

Carpe : segment, souvent très court, de l'appendice composé des crustacés décapodes, situé après le mérus et avant le ***propode***.

Cénobite : nom commun utilisé pour les bernard-l'ermite terrestres de la famille des Coenobitidae et du genre *Coenobita*.

Chélipède : terme employé pour désigner la première paire de pattes chez les crabes, celle qui porte les pinces.

Circalittoral : fond marin prolongeant l'étage ***infralittoral*** jusqu'à une profondeur à laquelle ne peuvent se développer que des algues peu exigeantes en lumière, vers 100-200 m en milieu tropical.

Comatule : échinoderme de l'ordre des Comatulidae, caractérisé par ses bras en forme de « rameaux » ou de « plumes ».

Cryptique : se dit d'une espèce non décrite formellement, morphologiquement très proche d'une espèce connue mais distincte par de petits détails, par exemple son patron de couleur.

Dactyle : ou « doigt », segment terminal de l'appendice composé des crustacés décapodes.

Estran : terme du langage courant désignant la zone intertidale.

Hydraire : petit animal urticant, en forme de « plume » lors de la phase fixée de son cycle de développement.

Infralittoral : partie inférieure de la zone intertidale, et jusqu'à quelques dizaines de mètres de profondeur.

Intertidal : bande côtière entre le niveau de haute mer et le niveau de basse mer.

Ocelle : se dit pour une tache de couleur arrondie, en forme de petit œil.

Pélagique : domaine marin de haute mer. Les organismes marins pélagiques occupent la colonne d'eau, par opposition aux organismes benthiques qui vivent sur le fond.

Piriforme : qualifie une carapace allongée, s'évasant postérieurement ; en forme de poire.

Propode : avant-dernier segment de l'appendice composé des crustacés décapodes.

Sétifère : qui porte des soies.

Sub-hexagonale : qualifie une forme proche de l'hexagone, avec 6 côtés plus ou moins distincts.

Supralittoral : partie supérieure de la zone ***intertidale***.

Ubiquiste : se dit d'une espèce capable de s'adapter à des milieux très divers.

Biodiversité et zoogéographie

Côte rocheuse à la Pointe des Trois-Bassins,
près de la Saline-les-Bains.

Nouvelles observations à la Réunion

Mission d'étude de mars-avril 2008

La mission d'étude, à l'origine de cet ouvrage, a été réalisée du 28 mars au 17 avril 2008 avec un financement du conseil régional de la Réunion. L'organisation du déplacement et le soutien logistique pour les récoltes ont été assurés par le parc marin de la Réunion. Seize stations de récoltes ont été visitées du 29 mars au 14 avril 2008, pour la plupart situées sur la côte ouest de la Réunion, dans la réserve naturelle marine (fig. 2). Les caractéristiques de ces stations et les conditions de récolte sont récapitulées dans l'annexe 1 (p. 116).

La plupart des sorties ont été faites de nuit entre 19 h et 23 h. Les spécimens ont été récoltés à pied dans la zone supralittorale et intertidale ou en apnées par petits fonds (1-5 m).

Les spécimens ont été prédéterminés, mesurés, photographiés lorsque leurs couleurs étaient encore fraîches, puis conservés dans l'alcool à 70°. Plusieurs déterminations n'ont été faites qu'au retour de la mission, à l'Institut de recherche de l'École navale et au Muséum national d'histoire naturelle de Paris

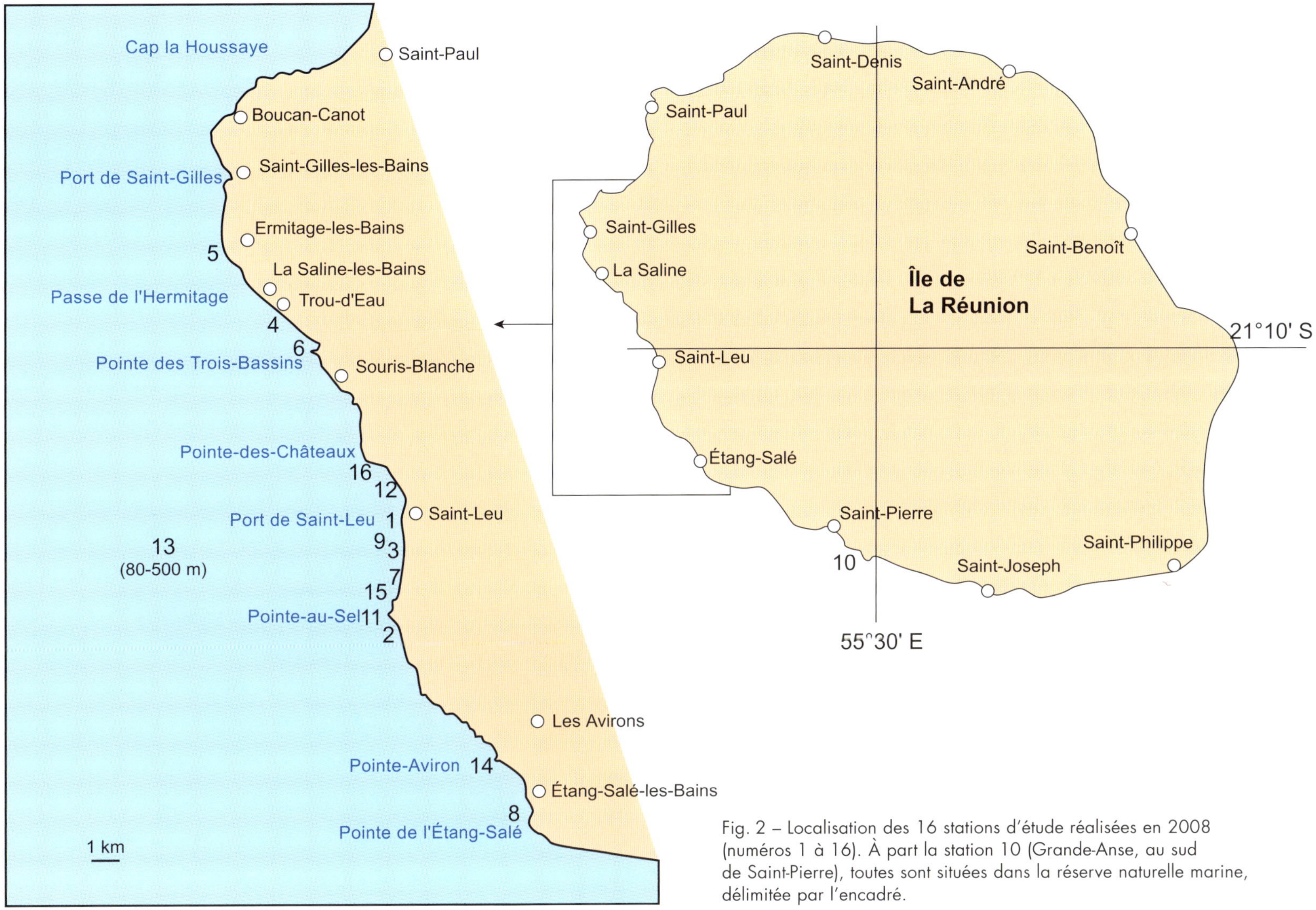

Fig. 2 – Localisation des 16 stations d'étude réalisées en 2008 (numéros 1 à 16). À part la station 10 (Grande-Anse, au sud de Saint-Pierre), toutes sont situées dans la réserve naturelle marine, délimitée par l'encadré.

(MNHN) où ont été déposés la plupart des spécimens.

Ce travail de récolte a été complété par la compilation et la détermination de nombreuses photographies sous-marines, prises par les plongeurs locaux rencontrés au cours de la mission. Les photographies de crustacés réalisées à l'occasion du programme ANR Biotas, du laboratoire Ecomar de la faculté des Sciences de la Réunion, ont été également mises à notre disposition. Les noms des collaborateurs photographiques figurent dans les remerciements en page 5. L'examen de ces centaines de photographies permet de signaler pour la première fois de la Réunion quelques dizaines d'espèces à large distribution géographique, qui ont pu être raisonnablement déterminées à partir d'une seule photographie en raison d'une morphologie et/ou d'une coloration remarquable (*e.g.* bernard-l'ermite *Calcinus* ou crabes *Trapezia*).

Lexique

Intertidal
Bande côtière entre le niveau de haute mer et le niveau de basse mer.

Supralittoral
Partie supérieure de la zone intertidale.

Infralittoral
Partie inférieure de la zone intertidale, et jusqu'à quelques dizaines de mètres de profondeur.

Pêche en profondeur

En avril 2007, l'éruption du Piton de la Fournaise à la Réunion génère d'énormes coulées de lave qui terminent leur course sous la surface océanique. Des centaines de poissons morts remontent à la surface, pour la plupart des espèces de profondeur

Bernard-l'ermite *Sympagurus brevipes*, pêché entre 300 et 400 m. Spécimen de 8-10 cm, reconnu par R. Lemaitre (comm. pers.) à partir des bandes orangées présentes sur les pattes et les pédoncules oculaires.

Crabe *Chaceon crosnieri* pêché vers 800 m. Ce crabe de profondeur peut atteindre un poids de 1 à 2 kg. Le genre *Chaceon* compte près d'une trentaine d'espèces, dont certaines font l'objet de pêcheries à caractère commercial. *Chaceon crosnieri* et *Sympagurus brevipes* ont été pêchés pour la première fois fin 2008 à la Réunion, à proximité des coulées de lave du Piton de la Fournaise.

très rarement observées. Cet événement suscite un nouvel engouement pour l'étude de la faune de profondeur ; l'Agence pour la recherche et la valorisation marines (Arvam) organise des pêches sur les coulées de lave du sud-ouest de l'île. En octobre-novembre 2008, plusieurs espèces de crustacés décapodes sont capturées au casier, approximativement entre 200-600 m. Ces espèces ont été déterminées par R. Lemaitre, E. Macpherson et J. Poupin à partir des photographies transmises par A. Barrère, J.-P. Quod et T. Mulochau. Au final, cette activité permet d'illustrer pour la première fois en couleurs certains éléments de la faune de profondeur, et deux espèces sont nouvellement signalées de la Réunion : le bernard-l'ermite *Sympagurus brevipes* (de Saint Laurent, 1972), remarquable par ses bandes de couleur orangée, et le gros crabe de profondeur *Chaceon crosnieri* Manning et Holthuis, 1989.

En complément de ces observations, quelques espèces de profondeur ont été déterminées lors de la mission de mars-avril 2008 à partir de spécimens déposés à l'aquarium de Saint-Gilles ou achetés à des pêcheurs sur le bord de la route, comme le crabe girafe, *Ranina ranina*. La station 13 a été attribuée arbitrairement à ces récoltes.

Crabes girafes, *Ranina ranina*, en vente sur un étal à l'entrée de Saint-Leu.

Recherche bibliographique

Le bilan proposé par BOURMAUD (2003), disponible sur internet (http://etic.univ-reunion.fr/parcmarin/), a constitué la base de ce travail. Environ 190 espèces valides y sont inventoriées, pour la plupart issues du travail de RIBES (1978) et, dans une moindre mesure, de RIBES *et al.* (2002). Ce bilan a été mis à jour pour tenir compte de l'évolution de la nomenclature taxonomique puis complété par une revue bibliographique plus large.

Deux importants travaux de synthèse pour l'océan Indien ont été dépouillés : une liste des crevettes Alpheidae par BANNER et BANNER (1983) et le guide des crabes Xanthoidea de SERÈNE (1984). Plusieurs études spécifiques sur les crustacés de la Réunion ont également été intégrées : l'étude sur la faune carcinologique de MILNE-EDWARDS (1862 a-b) ; la note de MONOD (1975) sur des crustacés malacostracés de l'île ; l'étude de CROSNIER (1976) sur les espèces de profondeur récoltées par Paul Guézé ; la liste des crevettes Pontoniinae de BRUCE (1983) ; et les travaux qui ont fait suite à la campagne du navire *Marion-Dufresne* aux abords de la Réunion en 1982, en particulier ceux de CROSNIER (1985 a), GUINOT (1985) et MOOSA (1985).

En complément, des signalements à la Réunion ont été recherchés dans une série de notes de CROSNIER (1985 b, 1987 a-b, 1988 a-b) sur les crevettes bathypélagiques de l'Indo-ouest Pacifique et dans plusieurs monographies de systématique : crevettes Dendrobranchiata (PÉREZ-FARFANTE et KENSLEY, 1997) ; crevettes Palaemonidae (BRUCE, 2004 ; LI et BRUCE, 2006) ; crevettes Crangonidae du genre *Parapontophilus* (KOMAI, 2008) ; langoustes Enoplometopoidea et Achelata (HOLTHUIS, 1985, 1991, 2002, 2006 ; POUPIN, 1994, 2003) ; anomoures Albuneidae (BOYKO, 2002), Galatheidae (BABA *et al.*, 2008), *Ciliopagurus* (FOREST, 1995), *Bathynarius* (FOREST, 1989), *Sympagurus* (LEMAITRE, 2004) ; crabes Homolidae (GUINOT et RICHER DE FORGES, 1995), Grapsidae (BANERJEE, 1960), Portunidae (APEL et SPIRIDONOV, 1998), *Calappa* (GALIL, 1997), Dynomenidae (MCLAY, 1999), Trapeziidae (CASTRO, 1997 a-b), et spécimens types de crabes déposés dans les collections du Muséum de Paris (CLEVA *et al.*, 2007). La liste des crustacés décapodes d'eau douce a par ailleurs été reprise des travaux de KEITH *et al.* (1999, 2006) et KEITH (2002).

Principaux épisodes de récolte à la Réunion

Le dépouillement de la littérature consultée pour cet inventaire permet de reconnaître quelques épisodes importants pour les récoltes des crustacés à la Réunion. Les signalements les plus anciens seraient ceux de LAMARCK (1818), comme l'holotype du crabe *Xantho lividus* déposé dans les collections sèches du Muséum national d'histoire naturelle de Paris. Vers 1860, les récoltes de L. Maillard sont également déposées au MNHN et étudiées par MILNE-EDWARDS (1862 a-b). Une douzaine d'espèces étudiées par HOFFMANN (1874) sont, quant à elles, déposées au Nationaal Natuurhistorisch Museum Naturalis, de Leiden.

En 1973, P. Guézé a conservé pour le MNHN les crustacés inconnus qu'il récoltait au cours de ses essais de pêche profonde au casier, entre 100-800 m, et au filet maillant, jusqu'à 250 m (GUÉZÉ, 1976 ; LEBEAU, 1976). Ces spécimens, étudiés par CROSNIER (1976), apparaissent également de façon plus anecdotique dans les travaux de CROSNIER et THOMASSIN (1975), GUINOT (1985), HOLTHUIS (1985) et GALIL (1997). La même année, à l'occasion du colloque organisé pour le deuxième centenaire de la mort de Philibert Commerson, T. Monod et Y. Plessis ont réalisé un petit échantillonnage sur les côtes de l'île, avec des signalements qui apparaissent dans une note de MONOD (1975).

En 1976, lors de la préparation de sa thèse universitaire, S. Ribes effectue un échantillonnage important sur les crustacés associés aux coraux et sédiments coralliens. L'étude de sa collection, en collaboration avec des systématiciens renommés comme A. H. Banner, A. J. Bruce et R. Serène, lui permet de signaler dans sa thèse environ 135 espèces (RIBES, 1978). Ses récoltes, déposées au MNHN, apparaissent régulièrement dans des révisions de systématique ultérieures, par exemple dans le travail de MCLAY (1999) sur les crabes Dynomenidae. PEYROT-CLAUSADE (1977) bien qu'ayant effectué sa thèse universitaire sur la faune des platiers de Madagascar, mentionne également, à titre de comparaison, une quarantaine de décapodes anomoures et brachyoures de la Réunion (récifs de Saint-Gilles et Saint-Pierre) déterminés par M. de Saint Laurent (Paguridae), J. Haig (Galatheidae), et R. Serène (Xanthidae).

Le navire *Marion-Dufresne*, des Terres australes et antarctiques françaises (Taaf), est à l'origine de plusieurs collections de crustacés aux alentours de l'île de la Réunion. Les premières campagnes sont celles de 1976 (campagne MD OS) et 1979 (Safari I), mais c'est surtout la campagne de 1982 (MD32/La Réunion) qui est importante, avec une prospection du plateau insulaire jusqu'à 4 000 m de profondeur. À l'occasion de cette campagne, quelques récoltes littorales ont également été faites, notamment par M. de Saint Laurent du MNHN. Les trois principales études dédiées spécifiquement à cette mission sont celles de CROSNIER (1985 a), GUINOT (1985) et MOOSA (1985). Les crustacés du *Marion-Dufresne*, déposés au MNHN, apparaissent également dans plusieurs autres travaux de systématique : crevettes Alpheidae (BANNER et BANNER, 1983) ; crevettes Pontoniinae (LI et BRUCE, 2006) ; crevettes pénéides et bathypélagiques (CROSNIER, 1985 b, 1987 a-b, 1988 a-b, 1991) ; crevettes Crangonidae du genre *Parapontophilus* (KOMAI, 2008) ; bernard-l'ermite des genres *Aniculus*, *Bathynarius*, *Ciliopagurus* (FOREST, 1984, 1989, 1995), Galatheidae (MACPHERSON et SAINT LAURENT, 2002 ; MACPHERSON, 2007) et Lithodidae (MACPHERSON, 1988).

Biodiversité

Le bilan de l'inventaire ainsi réalisé est présenté dans l'annexe 2 (p. 117) sous la forme d'une liste documentée, qui permet de retrouver la ou les sources de chaque signalement. Au total, 483 espèces valides sont reconnues, soit près de 300 espèces de plus que la liste précédente (BOURMAUD, 2003). 64 espèces sont signalées pour la première fois de l'île à partir des observations faites au cours de la mission de mars-avril 2008 et lors de la prospection en profondeur d'octobre 2008. Pour la plupart, ce sont des anomoures (*Calcinus elegans*, *C. latens*…) ou des crabes (*Echinoecus pentagonus*, *Etisus dentatus*, *Metopograpsus thukuhar*, *Thalamita coeruleipes*…) très communs dans l'Indo-ouest Pacifique, bien que non encore formellement signalés à la Réunion avant cet inventaire. Les autres signalements complétant la liste précédente proviennent du dépouillement de la littérature scientifique. Pour une centaine d'entre eux, il s'agit de taxons des petits fonds (0-100 m) comme les langoustes Palinuridae et Scyllaridae (MILNE-EDWARDS, 1862 a-b ; HOLTHUIS, 1985, 1991 ; MONOD, 1975), les crevettes Alpheidae (BANNER et BANNER, 1983) et les crabes Xanthidae (SERÈNE, 1984). Pour environ 90 signalements, il s'agit de taxons des fonds intermédiaires (10-190 m) ou de profondeurs (+ 100 m) des récoltes de P. Guézé et du *Marion-Dufresne* (CROSNIER, 1976, 1985 a-b, 1987 a-b, 1988 a-b ; GUINOT, 1985 ; GUINOT et RICHER DE FORGES, 1981 ; MACPHERSON, 1988, 2007 ; MOOSA, 1985).

Stomatopoda	**13 (3 %)**
Gonodactylidae	4
Odontodactylidae	2
Pseudosquillidae	2
Squillidae	2
Lysiosquillidae	1
Protosquillidae	1
Takuidae	1
Dendrobranchiata	**27 (6 %)**
Penaeidae	10
Benthesicymidae	7
Aristeidae	6
Solenoceridae	4
Stenopodidea	**3 (1 %)**
Stenopodidae	3
Caridea	**152 (31 %)**
Alpheidae	65
Palaemonidae	54
Pandalidae	8
Hippolytidae	7
Rhynchocinetidae	5
Atyidae	4
Oplophoridae	4
Crangonidae	2
Gnathophyllidae	1
Nematocarcinidae	1
Hymenoceridae	1
Astacidea Achelata - Axiidea	**14 (3 %)**
Enoplometopidae	3
Strahlaxiidae	1
Palinuridae	6
Scyllaridae	4
Anomura	**60 (12 %)**
Diogenidae	23
Galatheidae	18
Porcellanidae	8
Lithodidae	3
Parapaguridae	3
Paguridae	2
Hippidae	2
Coenobitidae	1
Brachyura	**214 (44 %)**
Xanthidae	59
Portunidae	32
Grapsidae	17
Epialtidae	13
Trapeziidae	12
Raninidae	7
Calappidae	5
Cryptochiridae	5
Ocypodidae	5
Parthenopidae	5
Pilumnidae	5
Domeciidae	4
Dynomenidae	4
Inachidae	4
Tetraliidae	4
Leucosiidae	3
Varunidae	3
Aethridae	2
Carpiliidae	2
Dromiidae	2
Eriphiidae	2
Homolidae	2
Hymenosomatidae	2
Mathildellidae	2
Cancridae	1
Cyclodorippidae	1
Brachyura (suite)	
Dairidae	1
Gecarcinidae	1
Geryonidae	1
Goneplacidae	1
Macrophthalmidae	1
Majidae	1
Matutidae	1
Oziidae	1
Progeryonidae	1
Pseudoziidae	1
Sesarmidae	1
Total des espèces	**483**

Tabl. 1 – Bilan taxonomique de l'inventaire des crustacés décapodes et stomatopodes de l'île de la Réunion, exprimé en nombre d'espèces par familles, regroupées par sous-ordres.

Le bilan taxonomique de cet inventaire est récapitulé par famille dans le tableau 1. Deux taxons sont numériquement importants : les crabes *Brachyura* (214 espèces) et les crevettes Caridea (152 espèces), qui représentent à eux seuls les trois quarts des espèces. Les quatre familles les plus communes sont les crabes Xanthidae et Portunidae et les crevettes Alpheidae et Palaemonidae.

Si l'on suppose que la faune réunionnaise est sans doute aussi diverse que celle des îles de Polynésie française, mieux étudiée et comptant près d'un millier d'espèces (POUPIN, 2005), le bilan pour la Réunion apparaît encore très incomplet.

Seules deux familles ont une diversité comparable dans les deux régions : les crevettes Alpheidae et Palaemonidae avec, respectivement, 65 et 54 espèces à la Réunion contre 52 et 51 en Polynésie française. Pour la quasi-totalité des autres familles, le bilan réunionnais est beaucoup plus modeste que celui de Polynésie. C'est le cas en particulier des stomatopodes (13 *vs* 43), des crevettes fouisseuses du groupe des Axiidea, quasi absentes du bilan réunionnais (1 *vs* 13), des langoustes Astacidea et Achelata (13 *vs* 27), des bernard-l'ermite Diogenidae (23 *vs* 55), des crabes Xanthidae (59 *vs* 143) et Portunidae (32 *vs* 70). La faune de profondeur, récoltée au-delà des 100 m et jusqu'à plus de 1 000 m, avec des familles comme les crevettes Benthesicymidae et Pandalidae, les langoustes Polychelidae, les anomoures Chirostylidae, Lithodidae et Parapaguridae ou les crabes Homolidae, est également moins bien représentée à la Réunion (82 *vs* environ 230) qu'en Polynésie. Cette différence semble ici clairement liée à une intensité d'échantillonnage moins importante à la Réunion qui n'a bénéficié que d'une seule campagne de prospection importante (MD32, *Marion-Dufresne*) alors que, en Polynésie, de nombreuses campagnes d'exploration ont été réalisées dans la zone circalittorale

© A. Diringer

Lysiosquillina ? lisa, un gros stomatopode indo-ouest pacifique, qui correspond assez bien à *L. lisa* d'après l'aspect ponctué des yeux et la couleur de l'écaille antennaire.

© E. Lancelot

Charybdis ? hawaiiensis. Ce crabe Portunidae n'est pour l'instant connu avec certitude que du Pacifique occidental. La couleur des pattes, rayées longitudinalement et portant des points blancs, correspond assez bien à celle connue pour les spécimens typiques de *C. hawaiiensis*. La largeur de la carapace est de l'ordre de 4-6 cm.

© Programme ANR Biotas

Majoidea sp., petite araignée de mer, d'environ 4 cm de longueur totale (avec les pinces), non reconnue d'après la photographie seule.

et bathyale supérieure, notamment avec des pêches aux casiers, très efficaces pour les récoltes de crustacés (POUPIN, 1996 ; RICHER DE FORGES *et al.*, 1999 ; POUPIN, 2005).

Le récif de la Réunion a une superficie beaucoup moins importante que celle de Polynésie française, et cette différence pourrait expliquer les écarts de biodiversité entre les deux régions. Cependant, les crevettes Alpheidae et Palaemonidae (essentiellement les Pontoniinae), étroitement associées au milieu récifal, très bien échantillonnées à la Réunion lors du travail d'écologie de RIBES (1978) et correctement étudiées d'un point de vue systématique par A. H. Banner et A. J. Bruce, comptent un peu plus d'espèces à la Réunion qu'en Polynésie. Cette observation semble indiquer que, même s'il est d'extension plus réduite, le récif réunionnais autorise peut-être une biodiversité aussi forte qu'en Polynésie, au moins pour les petites espèces marines. Mis à part quelques taxons comme les bernard-l'ermite terrestres de la famille des Coenobitidae, qui comptent visiblement moins d'espèces à la Réunion (1 *vs* 8), les écarts observés entre la Réunion et la Polynésie française traduisent plutôt, pour la plupart des taxons, un échantillonnage insuffisant à la Réunion. Il est également probable que la compilation bibliographique réalisée pour ce travail ne soit pas aussi aboutie que celle réalisée, pendant une vingtaine d'années, pour la Polynésie française, et que quelques dizaines de signalements disséminés dans la littérature spécialisée aient été oubliés pour la Réunion.

En complément de la liste des taxons valides de l'annexe 2 (p. 117), une trentaine d'espèces dont le statut taxonomique est incertain ou qui n'ont pas pu être correctement déterminées sont listées dans la base de données mise en ligne associée à ce travail (POUPIN et MASSOUKOU, http://biodivreunion.free.fr). Il s'agit :

– d'espèces incomplètement déterminées, comme *Galathea* sp., *Cymo* sp., *Pilumnus* sp. (cf. RIBES, 1978) ;

– d'espèces dont le statut taxonomique est douteux ou la présence à la Réunion improbable, comme *Petrolisthes cavinipes*, *Oziothelphusa senex*, *Planes minutus*, *Helice tridens* ;

– de signalements à la Réunion dont l'origine n'a pas pu être clairement établie, comme la crevette Pontoniinae *Dasycaris zanzibarica* (cf. Etic, http://etic.univ-reunion.fr/parcmarin/) ;

– d'espèces dont la détermination est à revoir, par exemple *Clibanarius* cf. *virescens* (cf. p. 63) et *Trapezia formosa* (cf. CASTRO, 1997 b : 118) ;

– d'espèces reconnues sur des photographies mais qui peuvent être confondues avec des espèces proches et qui, pour cette raison, n'ont pas été incluses dans la liste (*e.g. Lysiosquillina* ? *lisa*, p. 21 ; *Alpheus* aff. *ochrostriatus*, p. 106 ; *Conchodytes* ? *meleagrinae*, p. 106 ; *Rhynchocinetes* aff. *conspiciocellus*, p. 52) ; *Charybdis* ? *hawaiiensis*, p. 21).

Quelques taxons photographiés au cours du programme Biotas n'ont, quant à eux, pas pu être déterminés au niveau du genre et n'apparaissent ni dans cette liste ni dans la base de données en ligne (cf. les photos de Majoidea sp., p. 21, et Xanthoidea sp.). Ces quelques exemples soulignent le travail de détermination qui reste à faire pour compléter ce bilan faunistique.

Lexique

Circalittoral
Fond marin prolongeant l'étage infralittoral jusqu'à une profondeur à laquelle ne peuvent se développer que des algues peu exigeantes en lumière, vers 100-200 m en milieu tropical.

Bathyal supérieur
Fond marin prolongeant le talus continental entre 100-200 m et environ 1 200 m.

Xanthoidea sp., crabe dont la largeur de carapace est d'environ 2,5 cm.
Il n'a pas été reconnu sur la photographie, malgré sa morphologie très particulière.

Zoogéographie

La distribution mondiale de chaque espèce réunionnaise a été recherchée dans des travaux de systématique récents. Les plus importants consultés à cet égard sont ceux de : AHYONG (2001, 2002, 2007) et MÜLLER (1994) pour les stomatopodes ; PÉREZ-FARFANTE et KENSLEY (1997) pour les crevettes pénéides ; HOLTHUIS (1985, 1991, 2002, 2006) pour les langoustes Astacidea et Achelata ; ANKER (2001) et BRUCE (1997) pour les crevettes Alpheoidea ; CHACE et BRUCE (1993), LI et BRUCE (2006) et BRUCE (2004) pour les crevettes Palaemonidae ; OKUNO (1997) pour les crevettes *Cinetorhynchus* ; BABA (2005) et BABA *et al.* (2008) pour les anomoures Galatheidae ; FOREST (1993, 1995) pour les bernard-l'ermite *Bathynarius* et *Ciliopagurus* ; KOMAI et OSAWA (2006) pour les bernard-l'ermite *Pagurixus* ; CASTRO (1997 a, b) et CASTRO *et al.* (2004) pour les crabes Trapeziidae ; CHIA *et al.* (1999) pour les crabes du genre *Echinoecus* ; GALIL (1997, 2001) pour les crabes Calappidae ; GUINOT et RICHER DE FORGES (1982, 1985), GRIFFIN et TRANTER (1986), LOH et NG (1999) et LUCAS (1980) pour les crabes Majoidea ; STEPHENSON (1972) pour les crabes Portunidae ; TAN et NG (2007) pour les crabes Parthenopidae ; NG (1999) pour les crabes *Aethra* ; NG et CLARK (2003) et SERÈNE (1984) pour les crabes Xanthidae ; SAKAI (2004) et DAVIE (2002) pour l'ensemble des brachyoures. Quelques bases de données en ligne ont également été consultées à cet égard (cf. Bibliographie, p. 111).

Le tableau 2 présente un bilan de la distribution géographique des espèces réunionnaises. Le calcul n2 permet d'éliminer des taxons dont la distribution mondiale est souvent mal connue en raison des difficultés d'échantillonnage à grande profondeur, par exemple pour n'en citer que les principaux : les crevettes (Aristaeidae, Benthesicymidae, Crangonidae, Nematocarcinidae, Oplophoridae, Pandalidae) ; certains anomoures comme les Parapaguridae ou ceux des genres *Bathynarius*, *Munida* ; les crabes Homolidae ou ceux des genres *Cyrtomaia*, *Mathildella*, *Progeryon*, *Lyreidus*, *Notosceles*.

Distribution géographique	**n1**	**%**	**n2**	**%**
Océan mondial	17	4 %	15	4 %
Indo-Pacifique	36	7 %	17	4 %
Indo-ouest Pacifique	371	77 %	335	83 %
Océan Indien seul	46	10 %	32	8 %
Réunion seule	13	3 %	3	1 %
Total	**483**	**100 %**	**402**	**100 %**

Tabl. 2 - Bilan numérique des décapodes et stomatopodes de la Réunion en fonction de leur distribution géographique, pour toutes les espèces valides (n1), puis en excluant celles qui ne sont pas récoltées dans la zone des 100 m (n2).

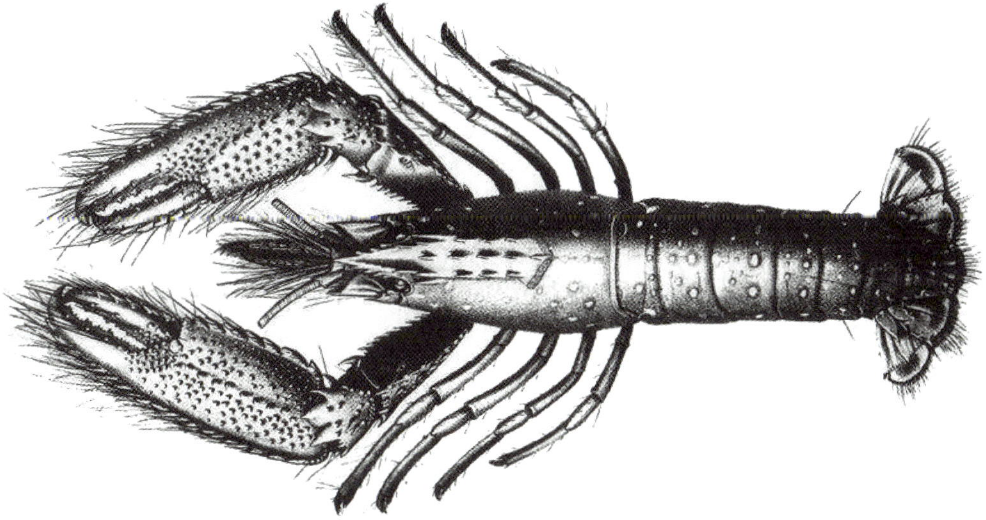

Fig. 3 – *Enoplometopus pictus* tel que figuré lors de sa description originale par MILNE-EDWARDS (1862 b : pl. XIX). Le statut taxonomique de ce petit homard de récif est incertain. Il est endémique de la Réunion ou synonyme d'une espèce indo-ouest pacifique commune, *E. occidentalis*.

Seulement treize espèces de cet inventaire ne sont pour l'instant signalées que de la Réunion et pourraient à ce titre être considérées comme endémiques. Il s'agit souvent d'espèces de profondeur récoltées dans la zone des 100-1 000 m (*Cyrtomaia guillei*, *Demania crosnieri*, *Mesopontonia brevicarpus*, *Paralomis stella*, *Parapontophilus juxta*, *Platypilumnus inermis*, *Progeryon guinotae*, *Xeinostoma inopinatum*). Elles ne peuvent toutefois pas être considérées comme des indicateurs d'endémisme car la prospection à grande échelle de la faune de profondeur indo-ouest pacifique est encore trop incomplète et hétérogène, limitée à quelques régions qui ont bénéficié de campagnes d'explorations coûteuses et difficiles à mettre en œuvre.

Trois espèces cependant pourraient être considérées comme endémiques. *Macrobrachium hirtimanus* est une crevette des rivières, mentionnée ici d'après KEITH *et al.* (1999, 2006) qui la signalent comme une espèce à caractère endémique qui aurait disparu des rivières de l'île. *Enoplometopus pictus* (fig. 3) est une petite langouste récifale décrite de la Réunion par MILNE-EDWARDS (1862 b). Le spécimen type, toujours conservé dans les collections du Muséum national d'histoire naturelle de Paris (MNHN As182), a fait l'objet d'une révision de systématique (POUPIN, 2003). Sa morphologie est en tout point comparable à *E. occidentalis*, une espèce décrite antérieurement, commune dans tout l'Indo-ouest Pacifique et présente à la Réunion. *E. pictus* ne se différencierait d'*E. occidentalis* que par une coloration bleutée avec des points blancs cerclés de bleu. Seules des observations nouvelles en plongée permettront de confirmer la validité de ce taxon. Il est possible que la coloration particulière de cette espèce, vraisemblablement observée sur un spécimen conservé, soit due à un artefact de conservation et qu'*E. pictus* soit un synonyme d'*E. occidentalis*. *Simocarcinus depressus* est un petit crabe décrit de la Réunion par MILNE-EDWARDS (1862 b, sous *Huenia depressa*) qui n'a toujours pas été signalé en dehors de l'île et qui correspond sans doute au spécimen illustré en p. 76.

S'il n'existe pas de preuve tangible d'un endémisme des crustacés à l'île de la Réunion, par contre, quelques espèces sont indicatrices d'un processus d'endémisme régional dans la partie occidentale de l'océan Indien. Parmi les espèces des petits fonds, il s'agit par exemple de *Ciliopagurus tricolor* (cf. photo, p. 61). Ce bernard-l'ermite a été séparé des espèces avec lesquelles il était autrefois confondu par FOREST (1995), en grande partie sur la base d'une coloration particulière. Récemment, cette séparation a été confirmée par POUPIN et MALAY (2009) sur la base du séquençage de son ADN, et l'étude de sa distribution géographique a montré qu'il s'agit d'une espèce typique de la partie occidentale de l'océan Indien (fig. 4). Les autres espèces qui peuvent être retenues comme bonnes indicatrices de cet endémisme régional sont : les crevettes d'eau douce *Atyoida serrata* et *Macrobrachium lepidactylus*, les bernard-l'ermite *Calcinus rosaceus* et *C. vanninii*, l'anomoure Porcellanidae *Pachycheles natalensis* et les crabes *Cymo deplanatus*, *Daldorfia spinosissima*, *Grapsus fourmanoiri*, *Lophozozymus evestigatus*, *Trapezia richtersi*, *Uca chlorophthalmus* et *Xanthias cherbonnieri*.

Le tableau 2 montre que la grande majorité (83 %) des espèces réunionnaises de la zone des 0-100 m a une distribution indo-ouest pacifique. Parmi elles, *Alpheus lottini*, *Calappa hepatica*, *C. calappa*, *Carpilius convexus* et *Ocypode ceratophthalmus* atteignent l'atoll de Clipperton, parfois considéré comme l'ultime région de la

D'après POUPIN et MALAY (2009).

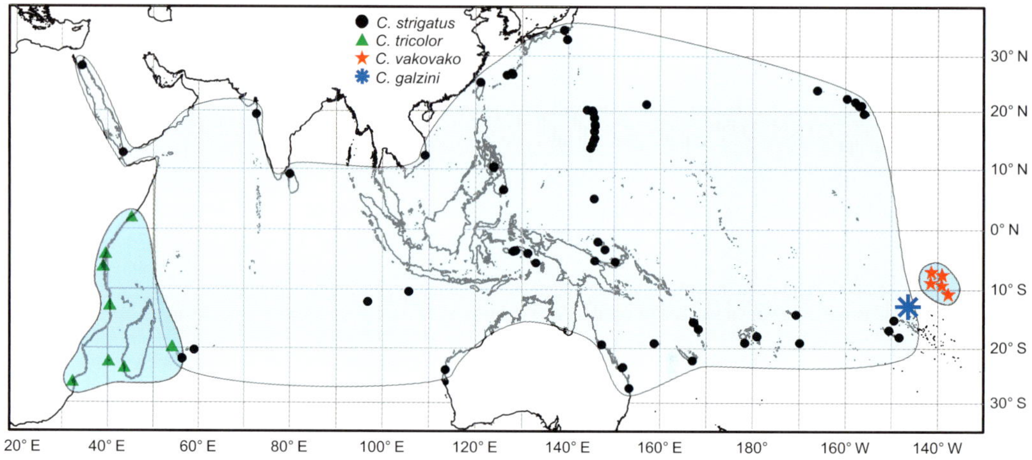

Fig. 4 – Exemple d'endémisme régional à l'échelle de l'océan Indien occidental.
Cas des bernard-l'ermite *Ciliopagurus* du « complexe *strigatus* ». *Ciliopagurus tricolor* (▲) est endémique de la région. Il était autrefois confondu avec *C. strigatus* (●), à distribution indo-ouest pacifique, et *C. galzini* (✱) qui, avec *C. vakovako* (★), est une espèce distincte du Pacifique central.

province indo-ouest pacifique pour des espèces qui n'atteignent pas les côtes américaines. Quelques espèces de ce groupe sont également signalées de Méditerranée. Ce sont des espèces dites lessepsiennes, arrivées en Méditerranée en passant par le canal de Suez. Il s'agit de la langouste *Panulirus ornatus*, des crevettes *Marsupenaeus japonicus* et *Metapenaeus monoceros*, et des crabes *Daira perlata*, *Menaethius monoceros* et *Carupa tenuipes*.

Dix-sept espèces des fonds de 0-100 m atteignent les côtes américaines, ce qui représente seulement 4 % d'espèces avec une distribution géographique de type indo-pacifique (tabl. 2). Il s'agit de la langouste *Panulirus penicillatus*, de petites crevettes Alpheidae, Hippolytidae et Palaemonidae (*Alpheus pacificus*, *Thor spinosus*, *Periclimenes soror*, *Harpiliopsis spinigera*, etc.), de petits crabes associés aux coraux (*Hapalocarcinus marsupialis*, *Jonesius triunguiculatus*, *Domecia hispida*, *Trapezia digitalis*, *T. bidentata*) et de crabes plus gros comme les Grapsidae *Plagusia squamosa et P. immaculata*.

Les quinze espèces des fonds de 0-100 m du tableau 2, considérées comme ayant une distribution de type mondial, sont celles qui sont signalées de l'océan Indien, du Pacifique et de l'Atlantique. Ce sont par exemple les langoustes *Justitia longimanus* et *Parribacus antarcticus*, les crevettes *Stenopus hispidus*, *Automate dolichognatha*, *Metalpheus rostratipes*, *Gnathophyllum americanum*, *Thor amboi-*

Enoplometopus occidentalis. Un exemple de crustacé distribué dans tout l'Indo-ouest Pacifique, de l'Afrique orientale à la Polynésie française. Grotte du Portail à Saint-Leu, 28 m.

nensis et un petit crabe Grapsidae, *Planes major*, qui est transporté en mer sur les objets « flottés ».

Une tentative de comparaison de la faune réunionnaise avec les faunes régionales est faite dans le tableau 3, où sont comptabilisées les espèces locales signalées également d'Afrique orientale, de Madagascar, des Seychelles et de Maurice. C'est à Madagascar que l'on retrouve le plus d'espèces de la Réunion (55 %), ce qui indique à priori une plus grande parenté faunistique avec cette région géographiquement assez proche. Cependant, les plus faibles pourcentages pour l'Afrique orientale (51 %), les Seychelles (38 %) et l'île Maurice (38 %) sont biaisés par l'avancement incomplet des inventaires régionaux, pris pour cette étude sur le projet en ligne Masdea (http:// www.vliz.be/vmdcdata/Masdea/). Ce projet constitue une bonne compilation faunistique de base mais n'est pas encore aussi avancé que le présent inventaire réunionnais. Pour illustrer le biais qui en résulte, la comparaison a également été faite avec la Polynésie française, géographiquement très éloignée mais bénéficiant d'un inventaire régulièrement mis à jour (POUPIN, http://decapoda.free.fr). Le résultat du tableau 3 montre, paradoxalement, autant ou plus d'espèces en commun (51 %) avec cette région lointaine. À terme, lorsque les inventaires d'Afrique orientale, des Seychelles et de l'île Maurice seront plus complets, il est probable que les pourcentages d'espèces en commun avec la Réunion augmenteront au-delà des 51 % obtenus pour la Polynésie. Dans l'état actuel des inventaires, il n'est donc pas possible de comparer de façon satisfaisante la faune réunionnaise avec celle des régions voisines.

Régions	**n**	**%**
Madagascar	263	55 %
Afrique orientale	246	51 %
Seychelles	181	38 %
Maurice	180	38 %
Polynésie française	*245*	*51 %*

Tabl. 3 – Comparaison de la faune de la Réunion avec celle des régions voisines. n, espèces valides de la Réunion également signalées dans des régions proches (Afrique orientale, Madagascar, Seychelles, Maurice) et, par comparaison, en Polynésie française.

Revue écologique illustrée

© Vie océane/F. Trentin

Allogalathea elegans,
un anomoure des petits fonds,
toujours associé aux rameaux d'une comatule.

Par rapport aux autres îles françaises de l'Indo-ouest Pacifique (Nouvelle-Calédonie, Wallis et Futuna, Polynésie française), l'île de la Réunion offre globalement moins de niches écologiques favorables aux crustacés. Les mangroves sont totalement absentes, et la couverture corallienne est limitée à quelques dizaines de kilomètres de côte, uniquement sur la façade ouest de l'île. Le lagon, immense en Nouvelle-Calédonie et dans de nombreux atolls des Tuamotu, est ici restreint à quelques étroites bandes côtières, peu profondes et discontinues, situées pour la plupart entre Boucan-Canot et l'Étang-Salé-les-Bains (fig. 2, p. 15). La côte est souvent constituée d'un cordon rocheux basaltique sur lequel s'écrase la houle du large, et elle comporte peu de baies abritées. Les zones de plages sont rares et de faible extension.

Type de milieu	n	%
Marin	463	95,9 %
Eau douce	10	2,1 %
Eau saumâtre	6	1,2 %
Air (terrestre)	4	0,8 %
Total	**483**	**100 %**

Tabl. 4 – Prédominance des espèces marines chez les décapodes et stomatopodes de la Réunion : calcul du nombre d'espèces par type de milieu.

Le tableau 4 dresse le bilan numérique des espèces par type de milieu. Les crustacés de cet inventaire sont essentiellement des espèces marines (95,9 %). Dix espèces sont signalées des eaux douces, 6 des eaux saumâtres et 4 sont terrestres.

Dans le tableau 5, les espèces sont classées en fonction de quelques grands types de substrats. Les espèces marines de pleine eau (crevettes Aristeidae, Benthesicymidae…) sont comptabilisées dans un groupe distinct « Pélagique ou Bathypélagique » et les espèces associées sont considérées à part, comme appartenant à des « substrats » spécifiques (échinodermes, mollusques…). Ce bilan montre que près de la moitié des espèces de la Réunion ont été récoltées sur des fonds durs, basaltiques ou coralliens, et un peu moins de 20 % sur des fonds meubles, constitués de sables plus ou moins fins ou de vase. Une centaine d'espèces vivent en association avec les coraux, de façon obligatoire (78) ou facultative (32). Les autres associations reconnues concernent des organismes aussi divers que les algues, éponges, anémones, échinodermes, mollusques et poissons.

Pour servir d'aide à la détermination, les espèces les plus communes sont illustrées par biotopes dans la suite de cette partie, avec le découpage simplifié suivant :

– la bande côtière terrestre ;

– les eaux douces, eaux saumâtres, estuaires ;

– les plages et fonds meubles ;

– le littoral rocheux ;

– la zone infralittorale et les petits fonds durs, basaltiques ou coralliens, jusqu'à la partie du tombant récifal accessible en plongée ;

– les eaux profondes du talus insulaire (100-4 000 m).

Type de substrat	n	%
Fonds durs (rochers et débris coralliens)	224	46,4 %
Fonds meubles (sable ou vase)	92	19,0 %
Association obligatoire au corail	78	16,1 %
Association facultative au corail	32	6,6 %
Pélagique ou bathypélagique	24	5,0 %
Association avec échinodermes	13	2,7 %
Association avec éponges	9	1,9 %
Association avec anémones	7	1,4 %
Association avec poissons	3	0,6 %
Association avec algues	1	0,2 %
Total	**483**	**100 %**

Tabl. 5 – Nombre de décapodes et stomatopodes de la Réunion pour quelques grands types de substrats ou associations.

Ce découpage simple, qui ignore toutefois de nombreux microbiotopes, permet de classer la plupart des espèces. Certaines, par exemple les crabes Grapsidae *Metopograpsus thukuhar* et *Geograpsus stormi* (cf. p. 37 et 47), les crabes Raninidae (cf. p. 17 et 42) ou le bernard-l'ermite

Lexique

Pélagique
Domaine marin de haute mer.
Les organismes marins pélagiques occupent la colonne d'eau, par opposition aux organismes benthiques qui vivent sur le fond.

Bathypélagique
Zone pélagique située entre 1 000-4 000 m.

Calcinus latens (cf. p. 65), ont parfois été difficiles à classer et peuvent être mentionnées dans deux biotopes différents. Il s'agit soit d'espèces ubiquistes, pouvant être observées sur des fonds variés, soit d'espèces de profondeur pour lesquelles le type de substrat (rocheux ou sableux) est bien connu.

Les espèces qui vivent en association avec d'autres organismes ne peuvent pas être facilement classées avec ce découpage. Doit-on considérer qu'une crevette qui vit dans les tentacules d'une anémone, elle-même fixée sur un massif corallien du récif externe, est une espèce des petits fonds durs ? Pour contourner cette difficulté, autant que pour souligner l'importance de ces associations et faciliter les déterminations, ces espèces associées sont présentées à part, sous la rubrique consacrée aux associations des crustacés avec d'autres organismes (coraux, échinodermes, anémones, éponges, poissons, mollusques).

Bande côtière terrestre, avec un bois de filaos au niveau de Saint-Leu.

Lexique

Ubiquiste
Se dit d'une espèce capable de s'adapter à des milieux très divers.

Côte rocheuse, aux environs de Saint-Pierre.

© Arvam/J.-P. Quod

Lagon et récif externe, au niveau de la passe de l'Ermitage-les-Bains.

Une plage de sable corallien grossier
à la pointe des Trois-Bassins.

La bande côtière terrestre

La bande côtière de la Réunion comprend des zones herbacées et des bois de filaos (cf. p. 30). Les bois de *Pandanus*, omniprésents dans certaines îles d'Océanie, sont ici beaucoup moins développés. Ces formations végétales sont distribuées sur une bande côtière étroite, séparée du reste de l'île par une route de ceinture, très fréquentée à la Réunion, et constituant sans doute un frein pour la colonisation du milieu terrestre par certains crustacés. Sur les cinq cénobites de l'océan Indien occidental, un seul, *Coenobita rugosus*, a été reconnu à la Réunion. Il se distingue des autres espèces de la région (*C. brevimanus*, *C. cavipes*, *C. perlatus*, *C. violascens*) par sa couleur brun clair, des pédoncules oculaires comprimés latéralement et l'aspect de la face externe de sa grosse pince qui porte une série de petits tubercules longitudinaux, disposés en ligne oblique près du bord dorsal, et une tache marron-brun, d'extension variable, dans l'angle postéro-ventral.

Lexique

Cénobite
Nom commun utilisé pour les bernard-l'ermite terrestres de la famille des Coenobitidae et du genre *Coenobita*.

Pandanus et cocotiers, devant la plage de Grande-Anse.

La route de ceinture entre Saint-Leu et Les Avirons.

Le crabe *Ocypode cordimanus* est également présent dans ce biotope. Il se reconnaît facilement des deux autres *Ocypode* de la Réunion (*O. ceratophthalmus* et *O. pallidula*, cf. p. 45) par son habitat terrestre, l'absence de prolongements en forme de cornes sur les pédoncules oculaires et l'absence de crête stridulante sur la face interne de la plus grosse pince.

Les deux autres crabes de la bande côtière terrestre appartiennent au genre *Geograpsus* et sont morphologiquement très proches l'un de l'autre. *Geograpsus grayi* préfère en général les couverts ombragés et est de teinte violette avec des pinces plus claires. *Geograpsus crinipes* préfère les zones herbacées et sa couleur est brun-vert clair. Occasionnellement, *Geograpsus stormi* (cf. p. 47) est également présent dans ce milieu.

Le cénobite *Coenobita rugosus*, souvent logé dans les coquilles du mollusque gastéropode *Turbo setosus*. Longueur totale de l'ordre de 3-6 cm.

Le crabe *Ocypode cordimanus*, le seul « crabe fantôme » franchement terrestre. Largeur de la carapace de l'ordre de 3-5 cm.

Le crabe *Geograpsus grayi*, terrestre, observé parfois assez loin de la côte, en forêt. Largeur de la carapace de l'ordre de 3-6 cm.

Le crabe *Geograpsus crinipes*, de morphologie similaire à *G. grayi* mais distinct par sa couleur et une préférence pour l'habitat côtier.

L'eau douce, le milieu saumâtre, les estuaires

Arrivée d'eau douce dans le lagon, au niveau de l'estuaire de Trois-Bassins.

Seules les rivières de la côte est, au vent, bénéficient d'une pluviosité forte à la Réunion. Celles de la côte ouest sont alimentées plus épisodiquement, et leurs estuaires sont souvent asséchés. Les lagunes d'eau douce et saumâtre sont présentes par exemple au niveau de l'étang de Saint-Paul. Dix crustacés décapodes d'eau douce sont mentionnés dans l'atlas de KEITH *et al.* (1999), essentiellement des crevettes *Atyoida*, *Caridina*, *Macrobrachium* et *Palaemon*, listées dans l'annexe 2 (p. 117). Cet atlas propose des photographies, des clefs de détermination et des cartes de distribution qui permettent l'identification des décapodes d'eau douce réunionnais. Certaines espèces, comme la crevette *Palaemon concinnus* et le crabe *Varuna litterata*, fréquentent le cours inférieur des rivières et les estuaires, en eaux saumâtres ou très salées.

Le crabe *Cardisoma carnifex*, abondant dans l'estuaire des Trois-Bassins (st. 6), est une espèce à affinité terrestre mais qui s'établit toujours près de lentilles d'eau saumâtre ou des estuaires, ce qui lui assure une humidité parfaite au fond du terrier. C'est une espèce de grande taille, consommée dans certaines régions mais pas à la Réunion. Un autre gros crabe des estuaires est le Portunidae *Scylla serrata,* qui affectionne les sédiments vaseux où il creuse son terrier. Il est apprécié pour sa

Lagune d'eau saumâtre, au niveau de l'étang de Saint-Paul.

Varuna litterata, parfois appelé « crabe rameur » à cause de ses pattes aplaties. Après les fortes crues, il est parfois observé en mer, dérivant avec des débris. Largeur de la carapace 3-6 cm.

chair et fait l'objet de mesures de protection spécifiques en Nouvelle-Calédonie, à Wallis et Futuna et en Polynésie française. Deux crabes Grapsoidea, de plus petite taille, ont été identifiés dans les estuaires : *Metopograpsus thukuhar*, commun sur les cailloux, très vif et difficile à capturer ; c'est un crabe ubiquiste que l'on peut également classer avec les espèces des côtes rocheuses. *Parasesarma plicatum*, quant à lui, est plus spécifiquement inféodé aux estrans vaseux des estuaires.

Lexique

Estran
Terme du langage courant désignant la zone intertidale.

Photo en haut à droite et photo du bas : *Cardisoma carnifex* ou « crabe de terre », très commun. La largeur de la carapace peut atteindre jusqu'à 12 cm.

Scylla serrata ou « crabe de vase ». Ce spécimen, pêché près de Saint-Gilles, a perdu ses deux pinces. Largeur de carapace de l'ordre de 14-28 cm.

Au moins deux crabes Ocypodidae, de petite taille et assez discrets, sont également associés à ce biotope, bien que leur affinité marine soit évidente.

Macrophthalmus parvimanus est un crabe à carapace allongée et aux pédoncules oculaires longs et grêles. Il creuse ses terriers en zone intertidale dans les cônes de sédimentation sablo-vaseux des cours d'eau. Il ne peut être observé qu'à marée basse, en s'armant de patience car, au moindre mouvement, il disparaît vivement dans son terrier. Ce crabe n'a pas été observé au cours de cette étude, et le seul signalement de l'espèce dans l'île reste pour l'instant celui de MILNE-EDWARDS (1862 b).

Uca chlorophthalmus est un crabe « violoniste », dont une pince est surdimensionnée par rapport à l'autre. Il creuse ses

Parasesarma plicatum, crabe des mangroves et vasières, qui peut se reconnaître à la couleur jaune des pinces.

terriers dans les berges des rivières, toujours à proximité de la mer. Il est morphologiquement très proche d'un autre crabe violoniste de la Réunion, *Uca tetragonon*. Cette deuxième espèce est distinctement marine. Elle peut s'établir à proximité des colonies d'*U. chlorophthalmus,* mais ses terriers sont toujours plus proches de la mer. La forme du front permet de facilement reconnaître ces deux espèces, parfois récoltées au cours d'une même sortie. Chez *U. chlorophthalmus,* le front est plus large à sa base qu'à son extrémité, alors qu'il est étranglé à sa base chez *U. tetragonon*. La couleur de la grosse pince, rouge vif chez *U. tetragonon*, est également un bon moyen de les séparer. Comme *Macrophthalmus parvimanus*, il semble qu'*U. tetragonon* n'ait pas été signalé de l'île depuis le travail de MILNE-EDWARDS (1862 b).

Uca chlorophthalmus, « crabe violoniste », caractérisé par l'hypertrophie considérable d'une des deux pinces, chez le mâle seulement. Largeur de la carapace de l'ordre de 1,5-2 cm.

Metopograpsus thukuhar, crabe très commun et fréquentant des biotopes assez variés. Largeur de la carapace de l'ordre de 2-3 cm.

Les plages et les fonds meubles

Plage de sable fin, à l'Étang-Salé-les-Bains.

Ces milieux se caractérisent par des substrats plus ou moins fins, dans lesquels les crustacés peuvent s'enfouir ou creuser des terriers. Les faciès sont assez divers : plages de sable noir très fin, comme à l'Étang-Salé-les-Bains ; plages de sable corallien grossier, comme à la Pointe-au-Sel ; fonds du lagon formés de sable ou de débris coralliens assez meubles pour que les crustacés puissent y creuser des terriers.

Plage de sable corallien grossier, à la Pointe-au-Sel.

Le « crabe Carabosse » *Hippa ovalis*, faces dorsale et ventrale. La plus grande longueur est de l'ordre de 2-5 cm.

Chez les stomatopodes, *Lysiosquillina maculata*, pêchée et consommée à Wallis et Futuna et en Polynésie française, n'est connue de l'île de la Réunion que par un signalement de MANNING (1977), à partir d'un spécimen examiné dans les collections du Muséum d'histoire naturelle de Genève. Si cette grosse espèce indo-ouest pacifique est bien présente à la Réunion, elle doit être recherchée dans des zones abritées propices aux dépôts de sédiments très fins.

© A. Diringer

© Vie océane/F. Trentin

La squille *Odontodactylus brevirostris*, à l'affût, à l'entrée de son terrier.

Sa présence est possible sur la côte ouest, qui reçoit les plus importantes alluvions fluviales et qui n'a pas été prospectée pendant cette étude. Un autre stomatopode a été observé dans son terrier sur les petits fonds du lagon, *Odontodactylus brevirostris*. Cette espèce, à large distribution indo-ouest pacifique, n'a pour l'instant été reconnue que d'après des photographies sous-marines et sa coloration remarquable.

De nombreuses espèces de crevettes sont inféodées aux sédiments meubles. Chez les Penaeidae, il s'agit par exemple de *Marsupenaeus japonicus* et *Melicertus canaliculatus* ou des crevettes des genres *Metapenaeopsis* et *Penaeus* (annexe 2, p. 118). Chez les crevettes Alpheidae, il s'agit par exemple de *Alpheus* aff. *randalli* ou *A.* aff. *ochrostriatus* (cf. p. 106).

Une variété de la crevette *Marsupenaeus japonicus*, selon T.-Y. Chan (comm. pers.).

© L. Bêche

Probablement la crevette *Melicertus canaliculatus*, se déplaçant et chassant à l'affût.

Chez les anomoures, *Hippa ovalis* (cf. p. 38), localement appelé crabe « Carabosse », est spécialisé pour s'enfouir très rapidement dans le sable. De couleur noire ou blanche suivant le type de plage qu'il colonise, il devient rapidement indétectable dans le sédiment et n'a été récolté pour ce travail qu'avec l'aide d'un pêcheur expérimenté.

De nombreux crabes vivent sur les fonds sableux où ils trouvent un refuge efficace contre leurs prédateurs. Chez les Calappoidea, il s'agit de *Calappa hepatica*, très commun dans le lagon, et de *C. calappa*, *C. gallus* et *Matuta victor*. Sur des fonds d'une centaine de mètres, deux autres espèces de *Calappa* sont connues : *C. bicornis* et *C. lophos*, probablement inféodés aux mêmes types de fonds.

Calappa hepatica, très commun, appelé « crabe honteux » parce qu'il donne l'impression de toujours se cacher derrière ses deux larges pinces. Largeur de la carapace de l'ordre de 3-6 cm.

Ranina ranina, le « crabe girafe ». Sa carapace peut atteindre une longueur de 12-15 cm et les plus gros spécimens un poids de 0,5-1 kg.

Les crabes Raninidae sont des chasseurs à l'affût, cachés dans le sable en attendant leurs proies. L'espèce la plus commune à la Réunion est le « crabe girafe » *Ranina ranina*, de grande taille, pêché jusqu'à une centaine de mètres. Les autres Raninidae de la Réunion sont illustrés dans la révision de Ribes (1989). Ils sont plus petits et toujours récoltés en profondeur, entre 70-600 m (cf. p. 89). Leur carapace ovale et lisse et leurs pattes fouisseuses montrent qu'il s'agit également d'espèces aptes à s'enfouir dans les sédiments meubles.

Chez les Portunidae, pour ne citer que deux exemples parmi de nombreuses espèces inféodées aux fonds sableux, *Portunus granulatus* et *P. iranjae* sont deux espèces communes et parfaitement mimétiques sur les fonds sableux qu'elles fréquentent.

Portunus granulatus, « crabe nageur », mimétique sur un fond sableux.
La carapace porte 9 dents antéro-latérales régulières.
La largeur de la carapace est de l'ordre de 2-3 cm.

Portunus iranjae, « crabe nageur », appartenant à un groupe d'espèces difficiles à reconnaître les unes des autres, caractérisées par leurs longues épines latérales : le « complexe *P. longispinosus* ».
Largeur de la carapace de l'ordre de 2-3 cm (sans les épines latérales).

Chez les crabes Grapsidae, trois petites espèces sont récoltées sous les cailloux plats parsemant les plages. À cause de leur mimétisme, il est souvent difficile de les repérer sur les fonds sableux, même après un examen attentif. *Cyclograpsus integer* est situé dans le haut de la plage, alors que *Pseudograpsus albus* et *Ptychognathus hachijoensis* sont récoltés à marée basse dans la zone infralittorale. Deux crabes Ocypodidae sont communs sur les plages où ils y creusent de profonds terriers. Ils ne peuvent être facilement observés que la nuit, quand ils quittent leurs abris. *Ocypode pallidula* est une espèce de petite taille qui s'établit au milieu de la plage. *Ocypode ceratophthalmus* est une espèce bien plus grosse, caractérisée par les prolongements en forme de cornes que les mâles adultes portent sur leurs pédoncules oculaires. Ses terriers, de gros diamètres, peuvent être situés presque au même niveau que ceux d'*O. pallidula*, mais il a une affinité nettement plus marine : il se nourrit dans le bas de la plage à marée basse et, contrairement à *O. pallidula*, s'enfuit pratiquement toujours vers la mer lorsqu'il est en danger.

Pseudograpsus albus, de taille comparable à *Cyclograpsus integer*. Il est observé dans la zone infralittorale où il se confond parfaitement avec la couleur du sable.

Ptychognathus hachijoensis, un autre petit crabe de la zone infralittorale, souvent associé aux arrivées d'eau douce.

Cyclograpsus integer, petit crabe de la zone supralittorale, dans les laisses de haute mer La largeur de carapace est de l'ordre de 1 cm.

Photo du haut et photo du milieu :
Ocypode pallidula, « crabe fantôme », dont la largeur de carapace ne dépasse guère 2 cm. Très vif et difficile à observer.

Ocypode ceratophthalmus, « crabe fantôme », avec une « corne oculaire » chez les mâles adultes. Largeur de la carapace de l'ordre de 4-6 cm.

Le littoral rocheux

Les côtes de roches basaltiques occupent une grande partie du littoral côtier de l'île de la Réunion. C'est le domaine des crabes Grapsidae avec des pattes pourvues de fortes griffes qui leur permettent de s'accrocher aux rochers battus par la houle. Ces espèces sont très vives et difficiles à récolter de jour. La technique la plus efficace pour les observer et les capturer est la prospection de nuit, lorsque les crabes s'immobilisent dans le faisceau des lampes.

L'espèce la plus grosse est *Grapsus tenuicrustatus*, très commune dans tout l'Indo-ouest Pacifique. Une deuxième espèce, *Grapsus fourmanoiri*, caractérisée par une taille un peu plus petite et un front moins haut et plus large, est également reconnue à la Réunion, pour la première fois. *Geograpsus stormi* se différencie des deux espèces précédentes par sa couleur rouge brique et le bout pointu de ses pinces, au lieu de creusé en cuillère chez les *Grapsus*. Il peut fréquenter la bande côtière terrestre, alors que les deux espèces précédentes sont strictement inféodées au littoral rocheux. Ces trois espèces sont parfois accompagnées de *Metopograpsus thukuhar* (cf. p. 37), mentionné avec les espèces des estuaires.

Deux petites espèces du genre *Pachygrapsus* vivent dans les rochers de l'étage infralittoral. *Pachygrapsus plicatus* se caractérise

Côte rocheuse dans la région de Petite-Île, au sud de la Réunion.

Grapsus tenuicrustatus,
le « crabe coureur commun »
le plus fréquent dans l'Indo-ouest Pacifique.
Largeur de la carapace de l'ordre de 4-6 cm.

Grapsus fourmanoiri, « crabe coureur de Fourmanoir », connu seulement de l'océan Indien occidental. Largeur de la carapace de l'ordre de 3-4 cm.

Geograpsus stormi, « crabe littoral rouge », commun dans tout l'Indo-ouest Pacifique. Largeur de la carapace de l'ordre de 3-4 cm.

Pachygrapsus plicatus, assez discret par sa taille. Largeur de la carapace de l'ordre de 1-2 cm.

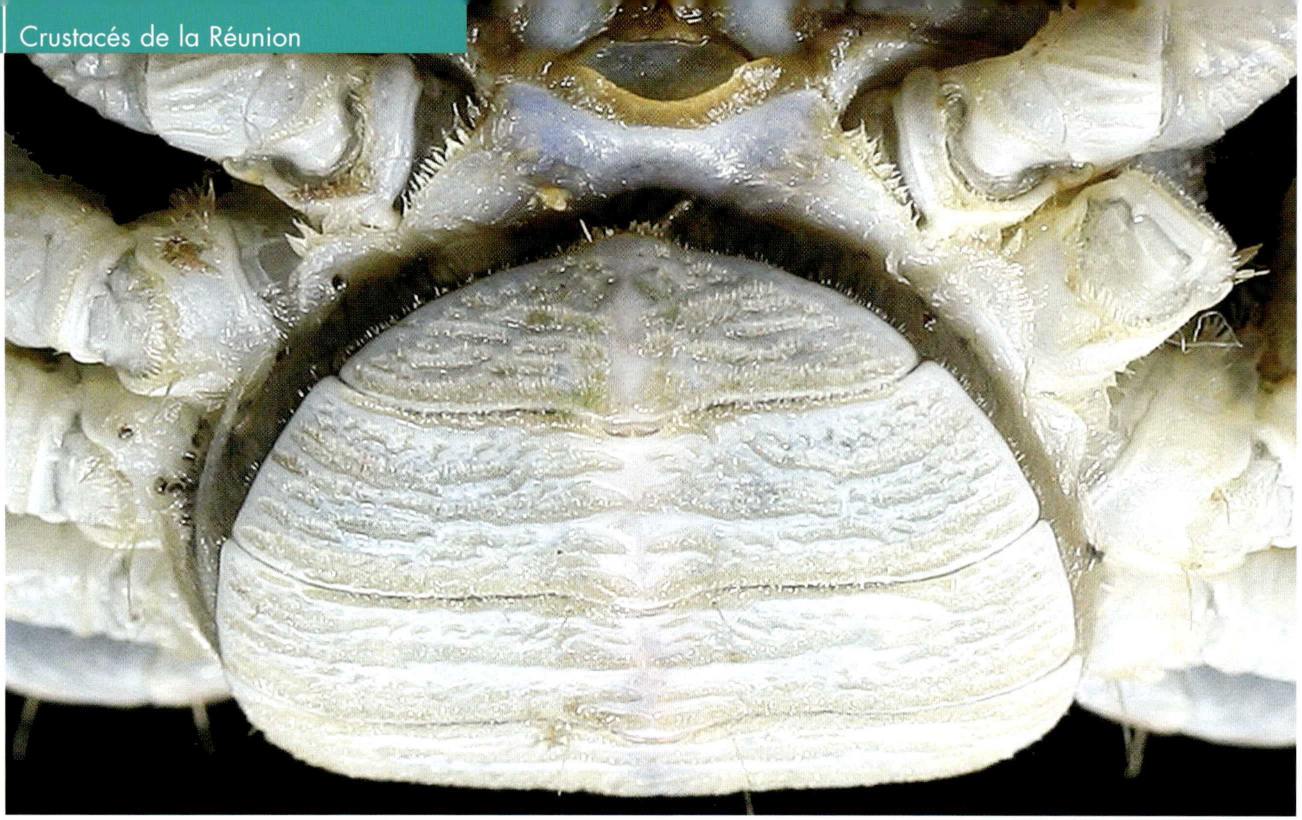

Pachygrapsus fakaravensis.
Ce crabe, décrit des Tuamotu (atoll de Fakarava), est reconnu pour la première fois dans l'océan Indien
Largeur de la carapace de l'ordre de 2-3 cm.

par des stries sétifères profondes sur la face dorsale de la carapace et la présence de 3-4 stries longitudinales glabres sur la face externe de sa pince. C'est une petite espèce d'environ 1 à 2 cm de largeur de carapace, commune dans tout l'Indo-ouest Pacifique. *Pachygrapsus fakaravensis* à une carapace striée de la même façon mais se distingue par une taille un peu plus grande, une carapace plus carrée, des soies sur les stries longitudinales de la face externe de la pince, et une striation longitudinale sur l'abdomen. Cette espèce, qui n'était auparavant connue que du Pacifique nord-ouest et central, est pour la première fois mentionnée de l'océan Indien, ce qui étend considérablement sa distribution géographique.

Lexique

Sétifère
Qui porte des soies.

La zone infralittorale et les petits fonds durs

Ce biotope, tel qu'il est défini pour ce travail, comprend : la zone infralittorale rocheuse, accessible à marée basse seulement, les petits fonds du lagon (0-5 m) composés de massifs basaltiques ou coralliens, et le tombant externe du récif accessible en plongée (0-40/60 m). Les crustacés de l'étage ainsi défini sont assez mobiles, souvent ubiquistes et observés parfois sur des fonds mixtes ou sableux. Certains trouvent volontiers refuge dans les coraux vivants mais ils n'en sont pas des associés obligatoires, à la différence de ceux présentés dans la partie consacrée aux associations. Avec un peu plus de 220 espèces sur 483 (cf. tabl. 5, p. 29), ils constituent presque la moitié des espèces de cet inventaire. Seules les plus communes et les plus faciles à photographier sont présentées ici, par grands groupes taxonomiques.

Petits fonds du récif externe, près de la passe de l'Ermitage-les-Bains.

© Arvam/J.-P. Quod

© MNHN de la Réunion/S. Ribes

Un fond de débris coralliens et coquilliers
à environ 1 m de profondeur, devant Grands-Bois.
Le crabe qui se cache dans les cailloux est *Actaeodes tomentosus*.

Les crevettes

Les crevettes des fonds durs sont nombreuses et seulement une infime partie de cette petite faune, dont la longueur totale ne dépasse en général pas 1-5 cm, est illustrée ici. Leur écologie est mal connue. Certaines semblent associées temporairement à d'autres organismes comme les coraux, les échinodermes ou les anémones. Ces associations sont facultatives puisqu'il n'est pas rare de les observer également en déplacement libre sur fonds coralliens ou rocheux. Dans la famille des Alpheidae, remarquablement diverse, le genre *Alpheus* compte à lui seul plus de 50 espèces à la Réunion.

© A. Diringer

Alpheus leviusculus, petite crevette à large répartition indo-ouest-pacifique. Différents patrons de couleur sont reconnus chez cette espèce, correspondant à des espèces cryptiques.

© L. Maillot

Alpheus diadema, crevette vivant sous les cailloux ou les algues de la zone intertidale.

© Programme ANR Biotas

Alpheus obesomanus, caractérisée par l'hypertrophie marquée de sa grosse pince. Elle est réputée, comme d'autres crevettes Alpheidae, pour produire des claquements très sonores avec ses pinces. On les appelle les « crevettes claqueuses ».

© L. Maillot

Alpheus pacificus. Comme chez *A. obesomanus*, et de nombreuses autres espèces du genre *Alpheus*, plusieurs espèces cryptiques sont reconnues à partir de cette espèce commune.

Certaines, comme *Alpheus pacificus* au sens large, constituent en réalité des complexes d'espèces subtilement distinctes par leur patron de couleur et nécessitant des révisions de systématique pour être correctement décrites et nommées.

Deux petites crevettes Palaemonidae très colorées sont régulièrement photographiées en plongée nocturne : *Gnathophyllum americanum*, au corps rayé de bandes sombres, et la crevette arlequin *Hymenocera elegans* Heller, 1861, qui se nourrit d'échinodermes, en particulier d'étoiles de mer. Celle-ci est parfois considérée comme un synonyme d'*Hymenocera picta* Dana, 1852, décrite antérieurement des îles Tuamotu. Il semble pourtant que les deux espèces se distinguent par leur patron de couleur, avec des taches cerclées de bleu dans l'océan Indien, pour *H. elegans*, et des taches cerclées de rouge dans le Pacifique central et oriental, pour *H. picta* (DEBELIUS, 2001). Les surplombs rocheux sont fréquentés par de nombreuses autres crevettes du genre *Saron*, en particulier *S. marmoratus*, et de la famille Rhynchocinetidae, comme *Cinetorhynchus concolor, Rhynchocinetes durbanensis*, et *R.* aff. *conspiciocellus*, aux colorations remarquables.

Gnathophyllum americanum, « crevette bourdon » remarquable par ses rayures. Elle ne dépasse guère 1 cm de longueur totale.

Saron marmoratus, très commune sous les surplombs rocheux. Le spécimen photographié est un mâle, caractérisé par l'allongement marqué de ses pinces.

Hymenocera elegans, la « crevette arlequin », qui se nourrit d'étoiles de mer.

© A. Diringer

Rhynchocinetes aff. *conspiciocellus*,
attribué avec hésitation à *R. conspiciocellus*
avec la même tache foncée dorsale au milieu de l'abdomen.

Rhynchocinetes durbanensis, crevette décrite de Durban en Afrique du Sud.
Signalée depuis dans tout l'Indo-ouest Pacifique jusqu'à Hawaii.

© Vie océane/F. Trentin

© L. Bêche

Cinetorhynchus concolor, crevette du Pacifique occidental, signalée
pour la première fois dans l'océan Indien à partir de cette photographie,
qui permet de reconnaître sans ambiguïté la livrée de couleur de cette espèce.

Certaines espèces, bien que menant une existence libre, sont souvent observées avec un hôte chez qui elles pratiquent un nettoyage. Les poissons semblent les plus fréquents à bénéficier de cette « toilette », mais le bénéficiaire peut aussi être un gros stomatopode ou même le plongeur lorsqu'il ouvre la bouche et que des *Lysmata* viennent lui inspecter les dents.

Stenopus hispidus, la crevette *Stenopus* la plus commune, connue de l'Afrique orientale aux côtes américaines. Également présente dans les Caraïbes.

Stenopus tenuirostris, parfois appelée « crevette nettoyeuse bleue » en référence à la teinte bleutée de son céphalothorax.

Lysmata amboinensis, « crevette barbier », facile à reconnaître par sa coloration et appréciée à ce titre par les aquariophiles. Comme les *Stenopus*, les *Lysmata* sont des « nettoyeuses » de divers hôtes (poissons, crustacés… plongeurs !)

© L. Bêche

© A. Diringer

Thor amboinensis, « crevette danseuse ». Sa longueur totale est de l'ordre de 1 cm. Elle est ubiquiste, libre sur des fonds rocheux ou associée à des anémones et des coraux.

Photo du haut, à gauche, et photo du bas : *Stenopus pyrsonotus*, « crevette flamme », caractérisée par un corps presque entièrement blanc et une « flamme » dorsale rouge vif sur l'abdomen.

© Vie océane/F. Trentin

Les langoustes

Les langoustes, au sens large, comprennent les infra-ordres des Astacidea et Achelata. Une dizaine d'espèces sont connues sur les fonds durs accessibles en plongée. *Enoplometopus occidentalis* est une petite langouste colorée recherchée par les aquariophiles. Elle est commune dans l'Indo-ouest Pacifique. Deux autres langoustes *Enoplometopus* sont signalées de la Réunion. *E. pictus* (cf. p. 23), dont le spécimen type est déposé dans les collections du Muséum de Paris, n'a plus été signalée depuis sa description par MILNE-EDWARDS (1862 b). Elle est parfois considérée comme un synonyme de l'espèce précédente dont elle se différencierait essentiellement par des teintes bleues sur le vivant. *E. holthuisi* a également été signalée de la Réunion. Elle se distingue d'*E. occidentalis* par la présence d'un cercle blanc, en forme de cible, sur les faces latérales de sa carapace. La plupart des langoustes de ce genre peuvent être reconnues par leur coloration d'après le guide de DEBELIUS (2001), et une monographie illustrée est disponible en ligne (POUPIN, http://biomar.free.fr/enoplometopus/).

Quatre langoustes plates de la famille des Scyllaridae sont reconnues. *Arctides regalis* et *Parribacus antarcticus* sont assez communes. *Scyllarides haani* est reconnue pour la première fois à partir d'un spécimen déposé à l'aquarium de Saint-Gilles. Cette espèce se caractérise par des bosses dorsales très marquées sur les segments abdominaux 2-3. *Scyllarus squammosus* n'est connue que du signalement de MILNE-EDWARDS (1862 b), mais sa présence est probable compte tenu de sa distribution géographique indo-ouest pacifique.

Enoplometopus occidentalis. Ce « homard de récif » est un crustacé discret mais commun de l'Afrique orientale à la Polynésie française. Sa longueur totale est de 12-14 cm. Il est surtout recherché par les aquariophiles.

Arctides regalis, la « cigale royale » appréciée pour sa chair. Longueur totale de l'ordre de 12-16 cm.

Parribacus antarcticus la « cigale commune », distribuée dans tout l'Indo-ouest Pacifique. Longueur totale de l'ordre de 12-15 cm.

La langouste *Scyllarides haani*, l'une des plus grandes espèces de *Scyllarides*, avec une longueur totale jusqu'à 40-50 cm ! Les segments abdominaux 2 à 4 portent des bosses dorsales médianes, bien visibles sur cette photographie d'une mue.

Panulirus penicillatus
la langouste la plus commune,
jusqu'à 35 cm de longueur totale.

Les langoustes du genre *Panulirus* sont au nombre de quatre. Les deux plus communes sont *Panulirus penicillatus* et *Panulirus longipes*, un peu plus petite et distincte par les points blancs qu'elle

© E. Lancelot

Panulirus longipes, la seule espèce de la région avec des ponctuations blanches sur l'abdomen.
Longueur totale jusqu'à 18-25 cm.

Panulirus ornatus, l'une des plus grosses langoustes du monde avec une longueur totale jusqu'à 40-60 cm et un poids jusqu'à 10 kg !

porte sur l'abdomen. Les deux autres espèces, *Panulirus ornatus* et *Panulirus versicolor*, sont plus difficiles à observer mais se reconnaissent facilement des précédentes par leur coloration.

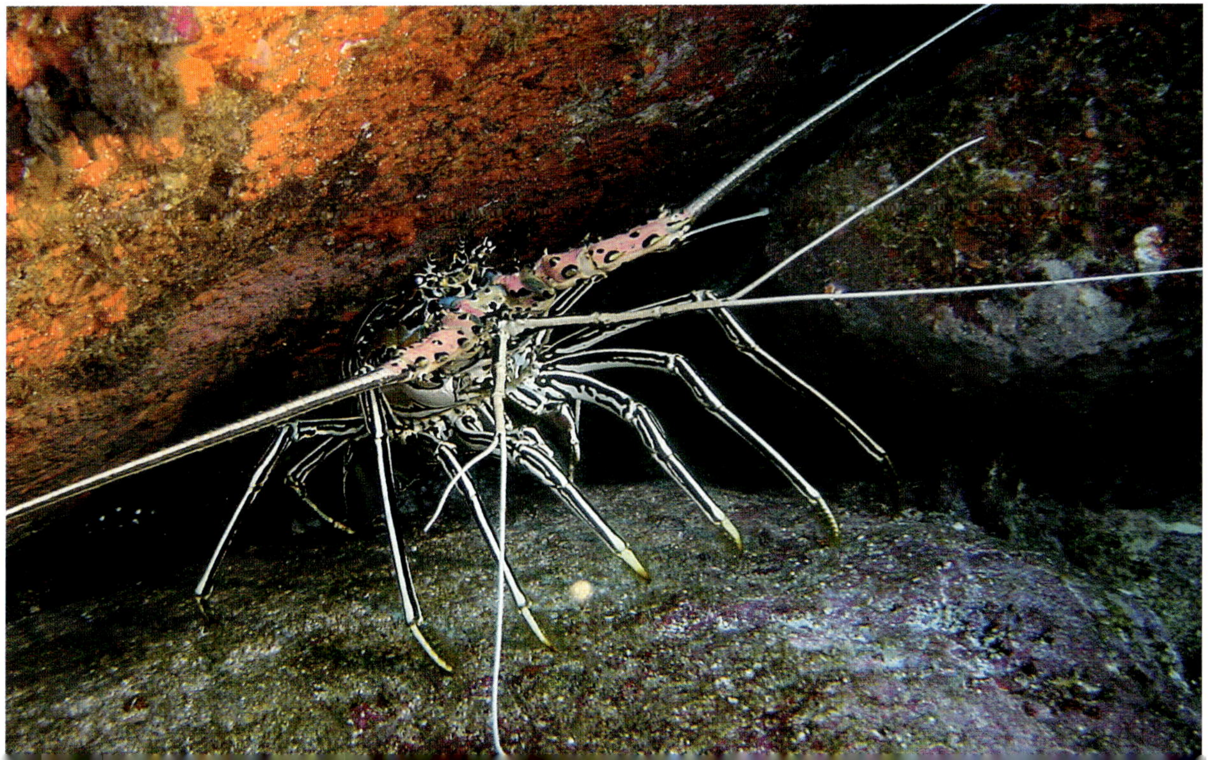

Panulirus versicolor, reconnaissable à ses pédoncules antennaires roses et à ses pattes portant des rayures longitudinales blanches. La queue est verte avec des bandes noir et blanc. Longueur totale jusqu'à 30-40 cm.

© MNHN de la Réunion/S. Ribes

Dardanus lagopodes, « bernard-l'ermite lièvre », très commun, caractérisé par ses longues pattes, fortement pileuses. Longueur totale de l'ordre de 4-10 cm.

© L. Bêche

Dardanus megistos, commun et facile à reconnaître par sa couleur. Longueur totale jusqu'à 20 cm.

Dardanus guttatus, parfois appelé « bernard-l'ermite à genoux bleus » à cause de la couleur turquoise des carpes des pinces et pattes. Longueur totale de l'ordre de 4-10 cm

Les anomoures

Les *Dardanus* sont de gros bernard-l'ermite souvent observés en plongée de nuit. Ils ne sont pas strictement inféodés aux fonds rocheux et peuvent parfois être observés sur des fonds sableux. *Dardanus megistos* est remarquable par sa couleur rouge tachetée de points blancs. *Dardanus guttatus* se caractérise par ses carpes bleu turquoise. *Dardanus lagopodes* à des pattes très pileuses avec des taches brunes au niveau des carpes. Chez une deuxième forme, reconnue à la Réunion sur des photographies du programme Biotas, ces plages sont d'un brun-rouge très différent, ce qui est peut-être l'indice d'une espèce jumelle, non décrite à ce jour. À Taiwan, McLaughlin *et al.* (2007) ont déjà observé et illustré ces deux formes mais en les conservant pour l'instant sous la même espèce. *Dardanus gemmatus* a été confondu à la Réunion avec *D. pedunculatus,* mais il s'en distingue assez facilement par l'aspect tuberculé de la face externe de sa grosse pince. Chez *D. pedunculatus*, dont la présence à la Réunion reste à confirmer, la face externe de la grosse pince est lisse. *Dardanus deformis*, comme *D. gemmatus*, porte en général une ou plusieurs grosses anémones sur la coquille qu'il occupe. Ces deux espèces sont également mentionnées dans la partie consacrée aux associations.

Dardanus deformis. La couleur verte des yeux de ce bernard-l'ermite est un moyen pratique pour le reconnaître en plongée. Longueur totale de l'ordre de 4-8 cm.

Dardanus gemmatus, bernard-l'ermite commun. Il a toujours 1 ou 2 anémones fixées sur sa coquille. Longueur totale jusqu'à 12 cm.

Dardanus lagopodes, forme à carpes rouges, presque toujours observée avec la forme classique, chez laquelle les carpes sont bruns.

Deux gros bernard-l'ermite du genre *Aniculus*, d'une taille comparable à celle des *Dardanus*, sont parfois observés sur le récif externe. *Aniculus maximus* a une couleur jaune qui permet de le reconnaître facilement d'*Aniculus ursus*, de couleur plus terne. Ces deux espèces sont communes et signalées dans tout l'Indo-ouest Pacifique, depuis l'océan Indien occidental jusqu'à la Polynésie française et, pour *A. maximus* seulement, aux îles Hawaii.

Deux espèces du genre *Ciliopagurus*, de plus petite taille (1-4 cm), sont présentes sur les fonds durs, quelquefois associées aux coraux. Les *Ciliopagurus* des petits fonds sont remarquables par l'utilisation exclusive de coquilles de Conidae, une

Aniculus ursus, « bernard-l'ermite ours ». Plus commun que *A. maximus*, sa taille maximale ne dépasse pas 10-12 cm.

Aniculus maximus, le « bernard-l'ermite géant », dont la longueur totale peut atteindre 30 cm.

coloration faite de bandes rayées transverses sur les pattes et les pinces, et la présence d'un appareil stridulatoire sur la face dorsale des pinces. *Ciliopagurus strigatus* est l'espèce la plus fréquente, commune dans tout l'Indo-ouest Pacifique. *Ciliopagurus tricolor* a été confondue avec *C. strigatus*, jusqu'à sa description par FOREST (1995), en partie à partir de spécimens récoltés à la Réunion. Elle s'en distingue par l'absence de bandes transverses colorées sur l'extrémité des pattes et par l'aspect composé de ces bandes, qui sont formées d'un anneau médian bleu entouré de deux minces anneaux rouges. La distribution géographique de *C. tricolor* est limitée à l'océan Indien occidental. Une espèce jumelle a récemment été reconnue des îles Tuamotu par POUPIN et MALAY (2009). Elle ne se distingue que par des détails de coloration, et la technique du séquençage ADN a dû être employée pour lui attribuer un statut d'espèce distincte.

Ciliopagurus tricolor, autrefois confondu avec *C. strigatus*, mais différent par la coloration de ses pattes.

Ciliopagurus strigatus, petit bernard-l'ermite facile à reconnaître grâce à ses pattes rayées. Longueur totale de l'ordre de 2-4 cm.

D'une taille comparable à celle des *Ciliopagurus*, mais très différent par la morphologie de sa grosse pince et la coloration violette de ses pattes marcheuses, *Pylopaguropsis lemaitrei* est reconnu ici pour la première fois sur le récif externe de l'île de la Réunion. Ce nouveau signalement étend considérablement l'aire de répartition géographique de l'espèce, qui n'était connue auparavant que des îles de Polynésie française (Asakura et Paulay, 2003).

Clibanarius humilis, « bernard-l'ermite humble », commun sous les cailloux à marée basse, mais discret par sa taille souvent inférieure à 1 cm.

Dans la zone infralittorale, *Clibanarius humilis* est un bernard-l'ermite facile à reconnaître par sa coloration, très commun de tout l'Indo-ouest Pacifique bien qu'il passe souvent inaperçu à cause de sa taille, en général inférieure à 1 cm.

Pylopaguropsis lemaitrei, dont la longueur totale est de l'ordre de 1,5 cm.
Par sa couleur rose vif, il est proche d'une espèce décrite de Hawaii, *Pylopaguropsis keijii*.

Clibanarius cf. *virescens* a été récolté à marée basse avec *C. humilis* à la station 16 et également à la station 10 et dans les récoltes du programme Biotas. Sa coloration est distincte de la forme typique de *C. virescens,* et il est possible qu'il s'agisse de juvéniles ou même d'une nouvelle espèce. Comme dans le cas de *Ciliopagurus tricolor/C. strigatus,* elle pourrait être commune dans l'océan Indien occidental où elle est confondue pour l'instant avec la forme typique de *Clibanarius virescens.*

Clibanarius cf. *virescens*. Ce spécimen dont la longueur totale est de l'ordre de 0,5 cm n'a pas la coloration typique de *C. virescens*, peut-être à cause de son état de juvénile.

Les *Calcinus* sont de petits bernard-l'ermite tropicaux de 1-4 cm, communs sur les fonds durs. Le genre comprend une quarantaine d'espèces remarquables par leurs couleurs et souvent identifiables à partir de ce seul critère. Dix espèces sont reconnues à la Réunion. Quatre d'entre elles, *Calcinus elegans*, *C. laevimanus*, *C. latens* et *C. morgani*, peuvent être récoltées dans la zone infralittorale, sous les cailloux et dans les flaques d'eau qui subsistent à marée basse. *C. latens* est particulièrement commun et est facile à reconnaître à cause des anneaux rouges à la base des dactyles des pattes ambulatoires.

Lexique

Dactyle
Ou « doigt », segment terminal de l'appendice composé des crustacés décapodes.

Calcinus laevimanus, le « bernard-l'ermite gaucher », dont la pince gauche est notablement plus forte que la droite. Sa longueur totale est de l'ordre de 3-4 cm.

Calcinus elegans, le « bernard-l'ermite élégant », facile à reconnaître avec ses pattes rayées de bleu ciel. Sa longueur totale atteint souvent 4 cm.

Calcinus morgani. Dans l'Indo-ouest Pacifique, il peut être confondu avec *C. gaimardi*, dont il se distingue essentiellement par la coloration du pédoncule oculaire.

C'est une espèce ubiquiste qui peut être observée également sur des fonds sableux. Chez *C. laevimanus*, l'extension de la plage blanche sur la grosse pince, très visible sur la photo, est variable. Elle n'est bien différenciée que chez les gros spécimens et est presque inexistante chez les petits spécimens, dont la pince apparaît alors uniformément noire.

Calcinus latens, remarquable par l'anneau rouge à la base du dactyle des pattes. Sa longueur totale est souvent de 2-3 cm.

Les autres bernard-l'ermite *Calcinus* sont observés en général entre 1 et 10 m sur des fonds rocheux, quelquefois en association avec les coraux. Au moins six espèces sont présentes à la Réunion, toutes reconnues à partir des photographies réalisées au cours de la campagne de recherche Biotas. *Calcinus argus*, avec sa couleur rouge tachetée de points blancs, est pour la première fois reconnu dans l'océan Indien occidental. Il n'était auparavant signalé que des îles Cocos (Keeling), de Nouvelle-Calédonie, d'Australie occidentale, des Mariannes et de Hawaii. *C. guamensis* et *C. vachoni* étaient déjà connus de la région mais sont pour la première fois signalés de la Réunion. Ces deux espèces ont une distribution à travers tout l'Indo-ouest Pacifique, jusqu'à la Polynésie française, et l'île de Pâques pour *C. vachoni*. *C. pulcher* a déjà été signalé des îles Seychelles. La coloration des spécimens de la Réunion est un peu différente de celle des spécimens de la localité type (Vietnam) et de Taïwan. Le carpe de la première patte marcheuse ne porte pas la tache rouge qui caractérise l'espèce. Il est possible que les spécimens de l'océan Indien doivent à l'avenir être distingués de ceux de l'Indo-Malaisie et du Pacifique sur la base de ce critère, en le complétant par d'autres observations. *C. rosaceus* et *C. vanninii* sont deux espèces décrites de l'océan Indien occidental dont l'extension géographique vers l'est ne dépasse pas, pour l'instant, l'île Maurice.

Cette revue illustrée des anomoures des fonds durs n'est bien sûr pas exhaustive. Elle n'intègre pas, en particulier, les espèces suivantes :

– Porcellanidae des genres *Petrolisthes*, *Pachycheles* et *Polyonyx* (cf. annexe 2, p. 123 et 124) ;

Six bernard-l'ermite Calcinus des petits fonds durs, souvent en association facultative avec les coraux. Tous les spécimens ont été sortis de leurs coquilles (longueurs totales de l'ordre de 2-3 cm).

Calcinus argus,
signalé pour la première fois de l'océan Indien occidental, grâce à sa coloration remarquable.

Calcinus guamensis,
caractérisé par les bandes noires qu'il porte sur ses pédoncules oculaires, pinces et pattes.

Calcinus pulcher.
La couleur de ce spécimen diffère un peu de la forme typique : il pourrait s'agir d'une espèce cryptique.

– anomoures Paguridae qui comptent pourtant plusieurs dizaines d'espèces sur ce type de fonds dans l'océan Indien occidental (Masdea, http://www.vliz.be/vmdcdata/Masdea/) et en Polynésie française (POUPIN, http://decapoda.free.fr) et qui ne sont représentés dans cet inventaire que par *Pagurixus nomurai*, une espèce décrite du Pacifique et reconnue pour la première fois à la Réunion ;

– Galatheidae des genres *Galathea*, *Laureia* et *Sadayoshia* (cf. annexe 2, p. 123). Certaines de ces espèces sont illustrées dans la base de données en ligne associée à ce travail (POUPIN et MASSOUKOU, http://biodivreunion.free.fr).

Calcinus rosaceus.
Ce bernard-l'ermite n'est toujours connu que de l'océan Indien occidental.

Calcinus vachoni, commun dans l'Indo-ouest Pacifique.
C'est l'un des trois bernard-l'ermite *Calcinus* dont la distribution géographique s'étend jusqu'à l'île de Pâques.

Calcinus vanninii.
Ce bernard-l'ermite n'est toujours connu que de l'océan Indien occidental. En complément de la couleur, la face externe de sa grosse pince porte une dépression qui permet de le reconnaître facilement.

Les stomatopodes

Dans ce groupe, deux grosses espèces, faciles à reconnaître à cause de leur coloration, ont été photographiées en plongée par petits fonds. La plus fréquente est *Odontodactylus scyllarus*, que MOOSA (1985) signale autour de l'île jusqu'à 58-72 m à partir des récoltes du *Marion-Dufresne*. Cette espèce est connue de l'océan Indien au Japon et la Nouvelle-Calédonie, mais n'est toujours pas signalée du Pacifique central (Hawaii et Polynésie française). La seconde est *Gonodactylus platysoma* avec une coloration très distincte, qui comprend deux taches rouge et noire en forme d'ocelles sur la partie postérieure du corps. Cette espèce a une large distribution indo-ouest pacifique, jusqu'à la Polynésie française. *Odontodactylus brevirostris*, déjà mentionnée pour les fonds meubles (cf. p. 39), est d'une taille similaire à ces deux espèces et peut également être observée sur des fonds durs. *Gonodactylus chiragra* est une espèce plus petite, commune dans l'Indo-ouest Pacifique en zone infralittorale, signalée par MOOSA (1985) de la Réunion mais qui n'a pas pu être photographiée pour ce travail.

Lexique

Ocelle
Se dit pour une tache de couleur arrondie, en forme de petit œil.

© Vie océane/F. Trentin

Gonodactylus platysoma. Cette squille porte de « faux yeux » sur la queue, sans doute pour tromper ses prédateurs. Longueur totale jusqu'à 11 cm.

Odontodactylus scyllarus. Souvent reconnue en plongée grâce à sa coloration remarquable, cette squille a également été pêchée autour de la Réunion jusqu'à 70 m. Longueur totale jusqu'à 17 cm.

© Vie océane/F. Trentin

Photo du haut et photo du milieu :
Percnon planissimum, le « crabe plat à ligne verte ».
Largeur de la carapace de l'ordre de 1,5-2 cm.

Les crabes

Plus d'une centaine de crabes de cet inventaire sont associés aux petits fonds durs du lagon et du tombant récifal. Seuls les plus communs et les plus faciles à photographier sont illustrés dans cette partie.

Chez les Grapsidae, au moins deux crabes du genre *Plagusia* ont été reconnus. *Plagusia squamosa*, récolté en apnée dans moins de 1 m d'eau aux abords de Saint-Leu (st. 12), et *Plagusia immaculata* reconnu d'après des photographies et qui se distingue de la première espèce par la face dorsale de sa carapace, plus lisse. Ces deux crabes sont communs dans tout

Plagusia squamosa, « crabe dériveur »,
récolté dans la zone infralittorale.
Il a la réputation de pouvoir parcourir de grandes distances en mer, dans les objets dérivants.
Largeur de carapace de l'ordre de 3-5 cm.

Plagusia immaculata, proche de *P. squamosa* dont il se distingue par une carapace plus lisse.

Percnon abbreviatum, « crabe plat aux yeux rouges », de taille comparable à *P. planissimum*, mais distinct par sa couleur.

l'Indo-Pacifique, depuis l'Afrique orientale jusqu'aux côtes d'Amérique centrale. Au moins trois crabes du genre *Percnon* sont également présents. Ils sont un peu plus petits que les *Plagusia,* et leur carapace plus plate leur permet de se glisser plus facilement dans les anfractuosités rocheuses. *Percnon planissimum* peut être récolté à pied, à marée basse. Il est caractérisé par une ligne verte longitudinale sur la face dorsale de sa carapace. En apnée, dans moins de 1 m d'eau, il se reconnaît aussi par une ligne verte transverse située sur la partie antérieure de la carapace. *Percnon abbreviatum* peut également être reconnu en plongée grâce à la couleur rosée de ses pinces et l'extrémité rouge de ses yeux. Le troisième *Percnon* est *P. affine*, avec des couleurs plus ternes. Ces trois crabes sont distribués dans tout l'Indo-ouest Pacifique, jusqu'à la Polynésie française. Bien que très communs, il semble que c'est la première fois que *P. abbreviatum* et *P. affine* soient signalés de la Réunion.

Percnon affine, « crabe plat aux yeux bleus ».
Il se distingue des deux autres espèces par la couleur de ses yeux et une taille un peu plus grande.
Largeur de carapace jusqu'à 3-4 cm.

Chez les crabes Parthenopidae, à carapace triangulaire ou sub-hexagonale, *Olenorfia cariei* est une petite espèce décrite par Bouvier (1914) de l'île Maurice et signalée pour la première fois de la Réunion. Elle a récemment fait l'objet d'une révision de systématique montrant qu'il s'agit d'une espèce indo-ouest pacifique, présente à Palau, Guam (Tan et Ng, 2007) et en Polynésie française (Poupin, http://decapoda.free.fr). *Daldorfia horrida* est un autre crabe Parthenopidae un peu plus grand et beaucoup

Lexique

Sub-hexagonale
Qualifie une forme proche de l'hexagone, avec 6 côtés plus ou moins distincts.

Olenorfia cariei, petit crabe rarement signalé car sa forme mimétique lui assure un camouflage efficace. Largeur de la carapace de l'ordre de 2 cm.

Deux photos du bas :
Daldorfia horrida, le « crabe horrible », se confond parfaitement avec les cailloux et débris coralliens. Largeur de la carapace de l'ordre de 4-8 cm et jusqu'à 12 cm !

plus souvent signalé dans l'Indo-ouest Pacifique. Il a une forme mimétique remarquable qui le rend difficile à détecter dans les cailloux. *Lambrachaeus ramifer*, avec une morphologie remarquable, est pour la première fois reconnu de la Réunion à partir de la photo présentée ici. Cette espèce, connue de la mer Rouge aux îles Hawaii, a longtemps été considérée comme un crabe Majidae atypique avant d'être finalement classée dans les crabes Parthenopidae.

Dynomene hispida et *Hirsutodynomene spinosa* sont deux crabes Dynomenidae indo-ouest pacifiques. Chez ces crabes, la cinquième paire de patte est toujours très réduite par rapport aux autres, ce qui peut donner l'illusion que le crabe n'a que quatre paires de pattes (pinces incluses). Le premier est souvent récolté en association avec les coraux, dont il est un hôte facultatif. Il avait déjà été signalé de la Réunion par Milne-Edwards (1862 b) et Ribes (1978). Le second est commun dans la région, connu de Madagascar, des îles Glorieuses, Seychelles et Maurice, mais est signalé pour la première fois de la Réunion, à partir de photographies.

Lambrachaeus ramifer, peu souvent signalé mais assez facile à reconnaître en plongée à cause de sa morphologie particulière. Largeur de la carapace de l'ordre de 0,5 cm, pour une longueur de 1,2 cm.

Hirsutodynomene spinosa, le « crabe hirsute », remarquable avec ses longs poils. Largeur de la carapace de l'ordre de 2-3 cm.

Dynomene hispida, souvent récolté dans les débris coralliens ou dans les coraux. Largeur de la carapace de l'ordre de 1 cm.

Les crabes de la famille des Carpiliidae sont caractérisés par une carapace arrondie et très convexe, presque entièrement lisse. Les pinces sont très fortes, capables de briser les coquilles de mollusques. La famille ne compte que trois espèces, une dans les Caraïbes, *Carpilius corallinus*, et deux dans l'Indo-ouest Pacifique, incluant la Réunion, *Carpilius convexus* et *Carpilius maculatus*. *C. maculatus*, facile à reconnaître de *C. convexus* par les points rouges qui ornent sa carapace, est souvent de grande taille et généralement appréciée pour sa chair, bien que des cas d'intoxications aient été signalés dans les Tuamotu.

Les deux photos de droite :
Eriphia sebana, le « crabe aux yeux rouges », commun dans les cailloux à basse mer.
Largeur de la carapace de l'ordre de 4-6 cm.

Carpilius convexus, commun, avec une teinte assez variable.
Largeur de la carapace de l'ordre de 6-10 cm.

Assez commun dans les cailloux de la zone infralittorale à marée basse, *Eriphia sebana* est un crabe de taille moyenne, caractérisé par la couleur rouge de ses yeux. Il est réputé toxique et non consommé. *Daira perlata* est un petit crabe bosselé, généralement récolté dans les anfractuosités de la crête récifale. Cette petite espèce est adaptée pour s'accrocher efficacement au récif, même lorsqu'il est battu par de fortes houles.

Lexique

Piriforme
Qualifie une carapace allongée, s'évasant postérieurement ; en forme de poire.

Hydraire
Petit animal urticant, en forme de « plume » lors de la phase fixée de son cycle de développement.

Daira perlata le « crabe perlé », commun dans tout l'Indo-ouest Pacifique.
Largeur de la carapace de l'ordre de 2-3 cm.

Carpilius maculatus. Sa carapace porte 9 à 11 points de couleur.
Il est plus grand que *C. convexus*. Largeur de carapace de l'ordre de 8-18 cm.

Les crabes Majoidea ont souvent une carapace piriforme qui porte des soies spécialisées pour l'accrochage d'éléments divers servant de camouflage (algues, hydraires, éponges, débris, etc.). *Naxioides taurus* se caractérise par ses deux longues cornes rostrales. *Perinia tumida,* de forme subcirculaire, passe souvent inaperçu dans les débris coralliens à cause de sa petite taille, de l'ordre du centimètre. *Schizophrys aspera* et *Tylocarcinus styx* sont plus gros (2-4 cm) avec une carapace typiquement piriforme. *Simocarcinus depressus* est une petite espèce (1-2 cm), signalée de la Réunion par MILNE-EDWARDS (1862 b), qui correspond vraisemblablement au spécimen illustré ici. *Trigonoplax unguiformis* est un crabe Majoidea atypique par sa forme et ne portant pas de soies spécialisées.

Naxioides taurus, espèce indo-ouest pacifique, reconnu avec hésitation sur cette photographie. Largeur de la carapace de l'ordre de 1 cm.

© Vie océane/F. Trentin

© Programme ANR Biotas

Trigonoplax unguiformis, petit crabe facile à reconnaître par sa morphologie particulière, commun de l'Indo-ouest Pacifique. Largeur de la carapace de l'ordre de 1 cm.

© Programme ANR Biotas

Tylocarcinus styx, remarquable par le dessin sur la partie postérieure de la carapace qui rappelle souvent une « tête de mort ». Largeur de la carapace environ 1 cm.

Simocarcinus depressus, petit crabe décrit de la Réunion par Milne-Edwards, en 1862, signalé ici pour la première fois, depuis cette époque.
Largeur de la carapace de l'ordre de 1 cm.

Schizophrys aspera, crabe araignée avec deux « cornes » frontales, portant chacune à leur base une épine externe.
Largeur de la carapace de l'ordre de 2-6 cm.

Perinia tumida, parfois associé aux coraux.
Largeur de la carapace de l'ordre de 0,5 cm.

Les crabes Portunidae ou « crabes nageurs » se caractérisent par leur cinquième patte aplatie et utilisée pour la nage. *Carupa tenuipes* est commun des fonds rocheux mais est assez ubiquiste et photographié ici sur un fond de sable grossier. Cette espèce indo-ouest pacifique est signalée pour la première fois de la Réunion mais était par contre déjà connue de Madagascar et de Maurice.

Carupa tenuipes. Les bords orbitaires de ce petit « crabe nageur » sont généralement cerclés de rose pourpre, ce qui permet de le reconnaître facilement. Largeur de la carapace de l'ordre de 1,5 cm.

© A. Diringer

© Vie océane/F. Trentin

Gonioinfradens paucidentatus, gros « crabe nageur » orangé, commun. Largeur de la carapace de l'ordre de 6-8 cm.

Charybdis erythrodactyla, « crabe nageur » parfois considéré comme toxique, facile à reconnaître avec ses taches bleu turquoise. Largeur de la carapace de l'ordre de 8-12 cm.

Charybdis obtusifrons se reconnaît assez facilement en plongée par les ourlets bleus qu'il porte sur sa carapace et ses pinces. Largeur de la carapace de l'ordre de 6-8 cm.

Gonioinfradens paucidentatus, de couleur orange, *Charybdis erythrodactyla*, avec des taches irrégulières bleu turquoise sur la face dorsale de la carapace, *Charybdis obtusifrons,* avec des ourlets bleus sur la face dorsale de la carapace et sur la face externe des pinces, et *Thalamita coeruleipes*, dont les dactyles des pattes ambulatoires 2 à 4 sont rayés de rouge et blanc, sont des espèces assez grosses (5-10 cm) qui peuvent être reconnues par leurs colorations respectives. *Thalamita admete* est une espèce plus terne et de taille plus modeste, commune dans les cailloux de la zone infralittorale.

Thalamita coeruleipes, « crabe nageur », reconnaissable en plongée par la coloration particulière des dactyles des pattes.
Largeur de la carapace de l'ordre de 4-6 cm.

Thalamita admete, petit « crabe nageur » commun de la zone infralittorale dans tout l'Indo-ouest Pacifique.
Largeur de carapace de l'ordre de 2-4 cm.

Actaeodes tomentosus (à gauche) et *Pilodius areolatus* (à droite). Deux crabes aux « pattes poilues », souvent récoltés ensemble et parfois confondus. Ils se distinguent assez facilement par le relief dorsal de la carapace. Largeur de la carapace de l'ordre de 1,5-2,5 cm.

Les crabes Xanthidae représentent à eux seuls près de 30 % des crabes inventoriés dans ce travail (tabl. 1, p. 20). À cause de cette diversité et de la complexité taxonomique de la plupart des genres, comprenant souvent plus d'une dizaine d'espèces morphologiquement très proches, il est particulièrement difficile de proposer ici une véritable aide à la détermination à partir des seules photographies. Les spécimens illustrés ici sont tous très communs dans l'Indo-ouest Pacifique, typiques des fonds durs ou des débris rocheux/coralliens, certains observés occasionnellement dans les coraux. Leurs tailles sont très variables, la largeur de la carapace étant comprise de 1 à plus de 10 cm.

Les crabes montrés ici sont de taille petite à moyenne (1-4 cm) et peuvent tous être récoltés dans la zone infralittorale, à basse mer. *Actaeodes tomentosus* et *Pilodius areolatus* peuvent être confondus à première vue et sont illustrés ici côte à côte pour mieux apprécier leurs différences. *Leptodius sanguineus*, dont la coloration est variable, souvent très différente

Leptodius nudipes. Crabe Xanthidae reconnu pour la première fois de la Réunion à partir de cette photographie où l'aspect particulier des dents antéro-latérales est bien visible Largeur de la carapace de l'ordre de 1,5-2,5 cm.

de celle illustrée ici, est omniprésent et facile à récolter à basse mer. *Leptodius nudipes* et *Liomera rugata* ne sont déterminés ici que d'après une photographie. Le premier n'avait pas encore été signalé de la Réunion mais il est présent des environs (Madagascar, Seychelles, Maurice). Le second est connu de l'île depuis les travaux de RIBES (1978) et SERÈNE (1984). *Pilodius pugil* se reconnaît facilement par les denticules perliformes qui ornent ses pinces et sa carapace ainsi que par la pilosité de ses pattes ambulatoires.

Liomera rugata. Le genre compte près d'une vingtaine d'espèces dans la région, dont au moins trois à la Réunion. Largeur de la carapace de l'ordre de 1 cm.

Pilodius pugil, parfois un hôte facultatif des coraux. Largeur de la carapace de l'ordre de 1-1,5 cm

Leptodius sanguineus, l'un des crabes Xanthidae les plus communs entre les cailloux, à basse mer. Il se reconnaît des autres crabes *Leptodius* par la présence d'une cinquième dent sur le bord antéro-latéral, plus petites que les quatre autres. Largeur de la carapace de l'ordre de 2-3 cm.

Chlorodiella ? *barbata*, *cytherea* et *laevissima*.
Petits crabes Xanthoidea, dont la largeur de la carapace dépasse rarement 1 cm. Compte tenu d'une morphologie assez proche, il est difficile de reconnaître avec certitude les espèces du genre *Chlorodiella* à partir d'une photographie seulement.

Les crabes *Chlorodiella* sont petits, avec une carapace dont la largeur est de l'ordre de 1-2 cm. Le front est large, presque droit ; la carapace porte 3-4 dents mal définies sur les bords antéro-latéraux. SERÈNE (1984) en mentionne neuf espèces dans l'océan Indien occidental. Trois espèces signalées de la Réunion, *Chlorodiella barbata*, *C. cytherea* et *C. laevissima* (RIBES, 1978 ; SERÈNE, 1984), sont reconnues avec hésitation sur les photographies présentées ici.

Les crabes *Cyclodius* (autrefois dans le genre *Phymodius*) sont caractérisés par le découpage de la face dorsale de la carapace en aires distinctes et des chélipèdes allongés avec les doigts de la pince creusés en cuillère. Les deux espèces,

Lexique

Chélipède
Terme employé pour désigner la première paire de pattes chez les crabes, celle qui porte les pinces.

Cyclodius obscurus et *C. ungulatus*, ont déjà été signalées de la Réunion par Serène (1984, sous *Phymodius monticulosus* et *P. ungulatus*). Elles se distinguent en particulier par la forme du front, moins saillant chez la première espèce. *Gaillardiellus rueppelli* est caractérisée par les soies courtes et drues que porte sa carapace. C'est un crabe commun dans la région mais reconnu ici pour la première fois à la Réunion.

Cyclodius ungulatus, très commun et remarquable par ses pinces tuberculées à doigts fortement creusés en cuillère. Largeur de la carapace de l'ordre de 1,5-2,5 cm (pince gauche manquante).

Gaillardiellus rueppelli, reconnaissable à sa pilosité particulière. Largeur de la carapace de l'ordre de 1,5-2,5 cm.

Cyclodius obscurus, longtemps appelé « *Phymodius monticulosus* ». Largeur de la carapace de l'ordre de 1,5-2,5 cm.

Etisus dentatus. La couleur marron chocolat est un bon critère pour reconnaître cette espèce en plongée. Ce spécimen, récolté à l'Ermitage-les-Bains, a une largeur de carapace 4,6 cm ; cette dimension peut atteindre 12 cm chez les plus gros spécimens.

© A. Diringer

Etisus splendidus, le « crabe splendide », remarquable en plongée à sa couleur rouge vif. Largeur de carapace de l'ordre de 10-15 cm.

Parmi les quatorze crabes *Etisus* que SERÈNE (1984) mentionne de l'océan Indien occidental, au moins trois sont présents à la Réunion. Bien que s'agissant de crabes très communs, il semble que ces trois signalements soient nouveaux pour l'île. *Etisus demani* et *E. dentatus* ont été récoltés en plongée de nuit, respectivement à l'Étang-Salé (st. 8) et à l'Ermitage-les-Bains (st. 5). *E. splendidus* est reconnu d'après une photographie sous-marine d'A. Diringer, sans hésitation à cause de sa couleur rouge vif remarquable et de la présence de deux fortes épines sur le carpe du chélipède, au lieu d'une seule chez *E. dentatus*. Ces deux derniers sont des crabes de grande taille dont la largeur de la carapace peut atteindre 20 cm. Ils sont consommés localement bien que réputés toxiques dans d'autres régions. *E. demani* est un crabe plus petit dont la carapace ne dépasse guère 2-3 cm de largeur. Il est caractérisé par son front saillant et légèrement sinueux et par les doigts des pinces, fortement recourbés à leur extrémité.

Etisus demani, d'une taille assez petite pour un crabe *Etisus*. Largeur de carapace du spécimen photographié, 1 cm.

Epiactaea nodulosa et *Paractaea rufopunctata* avaient déjà été signalés de la Réunion par MILNE-EDWARDS (1862 b, sous *Actaea nodulosa* et *Xantho rufo-punctatus*), puis par SERÈNE (1984). Ils sont de nouveaux reconnus sur les photographies du programme Biotas. *Macromedaeus nudipes* a une forme très particulière, avec un front droit et saillant, ce qui permet de ne pas le confondre avec d'autres espèces. Il est connu jusqu'en Polynésie française et a déjà été signalé à Madagascar et aux Seychelles.

Macromedaeus nudipes. crabe commun de l'Indo-ouest Pacifique, reconnu pour la première fois de la Réunion sur cette photographie. Largeur de la carapace de l'ordre de 2-3 cm.

Epiactaea nodulosa, remarquable par sa couleur rouge-orange et les tubercules perlés qui ornent sa carapace et ses pattes. Largeur de la carapace de l'ordre de 1-2 cm.

Paractaea rufopunctata. La morphologie de ce crabe est assez variable, et plusieurs formes différentes sont reconnues au sein de l'espèce. Largeur de la carapace de l'ordre de 2-3 cm.

Lophozozymus dodone, à la coloration assez variable.
La largeur de carapace du spécimen de gauche est de 1,2 cm.

© A. Diringer

Pseudozius caystrus est maintenant classé dans la super-famille des Pseudozioidea, en marge des Xanthoidea. Ce crabe de 2-3 cm est assez facile à reconnaître par sa carapace ovale à bords postéro-latéraux faiblement concaves. Il est commun à la Réunion, bien que signalé ici pour la première fois, et a été récolté à marée basse dans la zone infralittorale de Saint-Leu (st. 2) et Grande-Anse (st. 10). Sa coloration est très variable, la carapace pouvant avoir des plages de couleur comme sur la photo présentée ici ou être d'une seule teinte (blanche, grise, ou rose). *Xanthias lamarcki* se reconnaît avec certitude par l'examen de la face externe des pinces qui portent 2-3 sillons longitudinaux. C'est le crabe *Xanthias* le plus commun de l'Indo-ouest Pacifique, et il a déjà été signalé plusieurs fois à la Réunion. Pour ce travail, il a été récolté à l'Ermitage-les-Bains (st. 5). *Lophozozymus dodone* et *Zosimus aeneus* appartiennent à la sous-famille des Zosiminae, caractérisée par une carène sur le bord dorsal de la paume des pinces et sur le bord dorsal des pattes ambulatoires. Ils sont communs, connus jusqu'à Hawaii et la Polynésie française et même jusqu'à l'île de Pâques pour *L. dodone*. *Z. aeneus* est réputé comme une espèce très toxique, facile à reconnaître par sa coloration rouge marbré.

Lexique

Carène
Nom employé pour qualifier les bords anguleux ou aplatis des pattes ou de la carapace, chez certains crustacés.

Pseudozius caystrus, commun sous les cailloux à basse mer.
Sa coloration est très variable. Largeur de la carapace du spécimen photographié 1 cm.

Xanthias lamarcki. L'espèce du genre la plus commune dans l'Indo-ouest Pacifique, dans les cailloux à basse mer. Largeur de la carapace du spécimen photographié 1,3 cm.

Zosimus aeneus, espèce réputée toxique.
La largeur de carapace est de l'ordre de 6-9 cm.

Les fonds intermédiaires, les grands fonds et les zones bathypélagiques

Les espèces considérées dans cette partie sont celles des fonds intermédiaires (+ 10 à 200-450 m), celles des grands fonds (+ 100 à + 1 000 m) et les espèces planctoniques ou bathypélagiques. Comme le type de fond sur lequel vivent ces crustacés (vase, sable, rocher, etc.) est souvent mal connu, il est plus pratique de les présenter ensemble dans cette partie. Cette faune de profondeur a été étudiée par le biais des activités de pêche autour de l'île ou par des campagnes d'échantillonnage scientifique en profondeur, essentiellement la campagne de 1982 du navire *Marion-Dufresne* (cf. Principaux épisodes de récolte, p. 19). Dans le bilan du tableau 6, seulement 103 espèces sont signalées des fonds intermédiaires ou en profondeur, ce qui est faible par rapport à d'autres régions mieux étudiées à cet égard (cf. Zoogéographie, p. 23).

Peu de photographies de spécimens frais de grande profondeur ont pu être retrouvées pour ce travail. En remplacement, certaines illustrations proposées ici proviennent de photographies faites en Polynésie française où une prospection plus importante a été réalisée (POUPIN, http://decapoda.free.fr). Il s'agit d'espèces communes dans tout l'Indo-ouest Pacifique, souvent remarquables par leur coloration.

Abondance des espèces en fonction de la profondeur

Les profondeurs de récoltes autour de la Réunion sont indiquées pour chaque espèce dans la liste documentée de l'annexe 2 (p. 117). À partir de ces données, fragmentaires et souvent imprécises, une tentative de dénombrement des espèces en fonction de l'étage bathymétrique qu'elles fréquentent est proposée dans le tableau 6. Les espèces terrestres, intertidales et celles des petits fonds sont évoquées avec les cinq premiers biotopes. Pour les espèces qualifiées de « petits fonds », la profondeur maximale de 100 m peut paraître importante, mais elle correspond néanmoins à des observations fréquentes de crustacés qui sont récoltés dans quelques mètres d'eau jusqu'à, pour n'en citer que quelques exemples, 58-72 m pour *Odontodactylus scyllarus* (cf. p. 68), 50-90 m pour *Daldorfia horrida* (cf. p. 71), ou 90-100 m pour *Ranina ranina* (cf. p. 42). Les espèces des fonds intermédiaires sont généralement observées au-delà de 10 m et jusqu'à plusieurs centaines de mètres, par exemple entre 75 et 450 m pour *Notosceles chimmonis* (cf. p. 89).

Étage bathymétrique	Nb d'espèces	%
Milieu terrestre et eau douce (altitude > 0 m)	15	3 %
Zone intertidale (0 ± 1-2 m)	29	6 %
Petits fonds (0-100 m)	336	70 %
Fonds intermédiaires (+ 10 à 200-450 m)	26	5 %
Profond et bathypélagique (+ 100 à + 1 000 m)	77	16 %
Total	**483**	**100 %**

Tabl. 6 – Dénombrement des décapodes et stomatopodes de la Réunion en fonction de la bathymétrie.

Six des vingt-cinq espèces de fonds intermédiaires sont illustrées dans les pages suivantes. *Justitia longimanus* est une petite langouste caractérisée par deux cornes supra-orbitaires, de longues pinces (chez les mâles seulement) et un dessin particulier sur la face latérale de sa carapace. Elle est connue dans l'océan Indien, le Pacifique occidental et central et les Caraïbes. À la Réunion, elle a été récoltée entre 80 et 150 m mais elle est plus généralement signalée entre 23 et 454 m. Dans la région, elle a parfois été signalée sous le nom de *Justitia mauritiana* (cf. HOLTHUIS, 1991), qui en est un synonyme (POUPIN, 1994). *Ciliopagurus shebae* est un bernard-l'ermite indo-ouest pacifique récolté entre 20 et 130 m, pêché à la Réunion par le *Marion-Dufresne* entre 97 et 110 m. *Laleonectes nipponensis* et *Lupocyclus quinquedentatus* sont deux crabes Portunidae indo-ouest pacifique. Le premier a été récolté à la Réunion par P. Guézé à 250 m de fond. Il est signalé vers 25 m aux Philippines et à 110-130 m en Polynésie française. Le second a été pêché à la Réunion à 55 m par le *Marion-Dufresne*, et il est signalé entre 80 et 110 m en Polynésie française. *Notosceles chimmonis* et *Notopoides latus* sont deux crabes Raninidae de la zone des 70-450 m. Ces crabes ont une morphologie visiblement adaptée à un enfouissement dans du sédiment meuble. Ils ont été récoltés à la Réunion par le *Marion-Dufresne*, respectivement entre 75-90 m et 165-227 m.

La langoustine « à longue main », *Justitia longimanus*, avec des pinces démesurément allongées chez les mâles (photo de droite) et un dessin très reconnaissable sur la face latérale de la carapace (photo de gauche). Longueur totale de l'ordre de 11-18 cm. Spécimen photographié en Polynésie française.

Le bernard-l'ermite *Ciliopagurus shebae*, espèce indo-ouest pacifique signalée jusqu'au Japon. Longueur totale de l'ordre de 2-4 cm.

Deux crabes Portunidae *Laleonectes nipponensis* et *Lupocyclus quinquedentatus*.
L. nipponensis a une morphologie très similaire et peut être confondu avec une autre espèce, *L. stridens* Crosnier et Moosa, 2002. Largeur de carapace de l'ordre de 4-6 cm.
Spécimens photographiés en Polynésie française.

Deux crabes Raninidae communs de l'Indo-ouest Pacifique, *Notosceles chimmonis* et *Notopoides latus*.
Plus grande longueur de la carapace de l'ordre de 2-5 cm. Spécimens photographiés en Polynésie française.

Six autres espèces toujours récoltées au-delà de 100 m sont illustrées ici. *Aristaeomorpha foliacea* est une crevette bathypélagique Penaeoidea à distribution mondiale, récoltée à la Réunion entre 450 et 620 m, illustrée ici à partir d'un spécimen des îles Marquises récolté à 740-1 000 m. *Heterocarpus laevigatus* est l'une des plus grosses crevettes Caridea de la famille des Pandalidae. Elle est signalée à la Réunion entre 500 et 955 m. En Polynésie française, où elle a fait l'objet d'une prospection intensive au casier

La crevette *Aristaeomorpha foliacea*, crevette bathypélagique à distribution mondiale. Longueur totale de l'ordre de 10-15 cm.
Spécimen photographié en Polynésie française.

Le « spécimen type » du crabe *Platypilumnus inermis*.
Récolté à la Réunion, il a servi à la description de l'espèce et est déposé au Muséum de Paris. Largeur de la carapace 1,3 cm.

La crevette *Heterocarpus laevigatus*, pêchée au casier autour de la Réunion en 2008, à proximité des coulées de lave du sud-ouest de l'île, entre 200-600 m.

Le bernard-l'ermite *Bathynarius albicinctus* qui peut se reconnaître facilement grâce à la couleur de ses pattes.
Longueur totale de l'ordre de 3-5 cm.
Spécimen photographié en Polynésie française.

pour l'étude des potentialités commerciales, elle est pêchée entre 302 et 1 156 m ; elle est abondante entre 500 et 800 m. *Bathynarius albicinctus* est un bernard-l'ermite Diogenidae connu de la Réunion (210-225 m) à la Polynésie française (125-250 m). *Sympagurus dofleini* appartient à la famille des Parapaguridae qui ne comprend que des espèces de profondeur. Il est connu d'Afrique orientale jusqu'aux rides de Nazca et Sala y Gomez, entre 183 et 950 m. À défaut de coquillage, il protège son abdomen dans une anémone. À la Réunion, il a été récolté par P. Guézé au large de Saint-Paul (580-680 m). *Platypilumnus inermis* et *Progeryon guinotae* sont deux crabes décrits de la Réunion et pas encore signalés dans d'autres régions. Le premier est illustré ici par le spécimen type, un mâle de 11 x 13 mm récolté entre 460 et 490 m, photographié sur le *Marion-Dufresne* par Jacques Forest et déposé dans les collections du Muséum de Paris (MNHN B10524). Le second semble assez commun autour de l'île, récolté à la fois par P. Guézé et par le *Marion-Dufresne*, entre 580 et 820 m. Le spécimen photographié ici provient de captures locales récentes déposées à l'aquarium de Saint-Gilles.

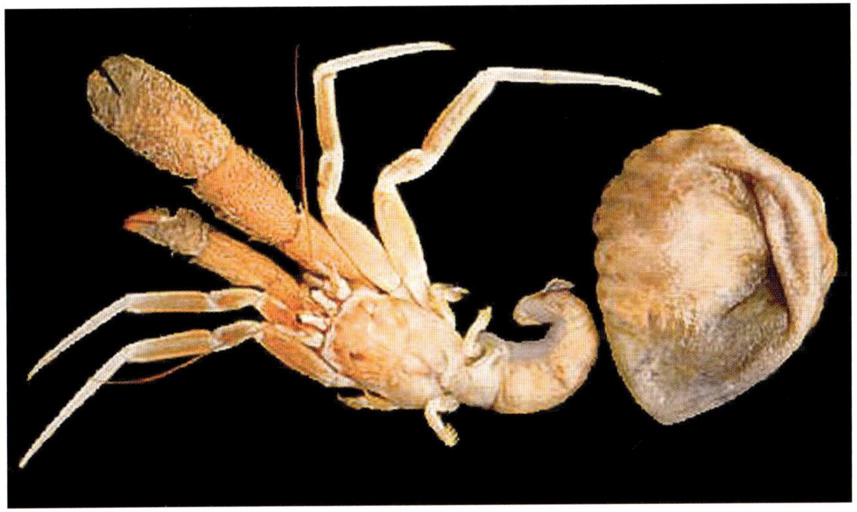

Le bernard-l'ermite *Sympagurus dofleini*, photographié à côté de l'anémone qu'il occupe en guise de coquille. Longueur totale de l'ordre de 6-8 cm. Spécimen photographié en Polynésie française.

Le crabe *Progeryon guinotae*, commun autour de la Réunion mais toujours pas signalé dans d'autres régions. Largeur de la carapace 3,3 cm.

En complément de *Sympagurus brevipes* et de *Chaceon crosnieri*, présentées en p. 16, trois autres espèces de profondeur sont illustrées ici à partir des captures faites au casier entre 200-600 m de fond, en octobre-novembre 2008 : un anomoure Lithodidae, *Paralomis stella*, décrit de la Réunion à partir des pêches du navire *Marion-Dufresne* et toujours inconnu dans d'autres régions ; un crabe Majidae *Platymaia turbynei*, déjà connu par les pêches de P. Guézé et du navire *Marion-Dufresne*, mais illustré pour la première fois en couleur ; et un crabe attribué avec hésitation à *Beuroisia duhameli*, une espèce de l'océan Indien très proche de deux espèces du Pacifique : *B. major* et *B. manquenei*.

Le crabe *Platymaia turbynei*, « araignée de mer » aux pattes démesurément allongées. Largeur de la carapace environ 3,5 cm.

Le crabe *Beuroisia duhameli*, largeur de la carapace 8 cm.

L'anomoure *Paralomis stella*, face dorsale et face ventrale, montrant l'abdomen asymétrique typique des Lithodidae. Largeur de la carapace 6,5 cm.

Les associations remarquables

Les crustacés décapodes et stomatopodes peuvent s'associer à des organismes très divers comme les éponges, anémones, coraux, étoiles de mer, oursins, bivalves, polychètes et poissons. Dans le cadre d'une gestion globale du récif corallien, l'étude de ces associations, dont la nature intime (commensalisme, parasitisme, symbiose) est souvent mal connue, revêt une importance particulière. Ces crustacés associés sont presque toujours de petite taille, avec une longueur maximale comprise environ entre 0,5 cm, pour les petits crabes Cryptochiridae, à 1-3 cm pour les crevettes Alpheidae ou Pontoniinae. Le bilan illustré ci-dessous doit permettre de pouvoir déterminer quelques-unes de ces espèces, sans avoir besoin de les récolter.

Association avec les coraux

Les coraux, en particulier les coraux branchus des genres *Acropora* et *Pocillopora*, servent de refuge à de très nombreux petits crustacés. Au contraire de certains crustacés, par exemple les *Calcinus* (cf. p. 66) qui n'en sont que des associés temporaires, les crustacés présentés ici en sont des hôtes obligatoires qui ne peuvent survivre durablement hors de leur abri.

Chez les crevettes Caridea de cet inventaire, une cinquantaine d'espèces vivent en association avec les coraux. Elles appartiennent à des genres comme *Alpheus*, *Coralliocaris*, *Cuapetes*, *Fennera*, *Harpiliopsis*, *Harpilius*, *Ischnopontonia*, *Jocaste*, *Mesopontonia*, *Metalpheus*, *Metapontonia*, *Onycocaridella*, *Onycocaris*, *Palaemonella*, *Paratypton*, *Periclimenaeus*, *Periclimenella*, *Periclimenes*, *Philarius*, *Platycaris*, *Pontonides*, *Racilius*, *Synalpheus*, *Thor*, *Typton*, et *Urocaridella*. Elles ont été signalées de la Réunion par les travaux de BANNER et BANNER (1983), RIBES (1978) et BRUCE (1983). Seulement trois espèces de cette faune très variée sont illustrées ici. La crevette *Alpheus lottini* est très commune dans l'Indo-ouest Pacifique, depuis l'Afrique orientale jusqu'à l'atoll de Clipperton. Elle est relativement grosse, pouvant atteindre 3 cm de longueur totale. L'espèce contient plusieurs populations, dont au moins deux présentes à la Réunion, reconnaissables à leurs colorations. Certaines de ces populations sont séparées d'un point de vue génétique et seront vraisemblablement décrites à l'avenir comme espèces distinctes (ANKER, 2001 ; VAN WORMHOUDT, 2009).

La crevette Alpheidae *Alpheus lottini*, une espèce commune mais qui contient plusieurs variants de couleur, correspondant sans doute à des espèces cryptiques. Longueur totale de l'ordre de 2-3 cm.

La petite crevette Pontoniinae, photographiée ici sur un corail antipathaire, a dans un premier temps été attribuée à *Pontonides unciger* à distribution indo-ouest pacifique, signalée de la Réunion par RIBES-BEAUDEMOULIN *et al.* (2002). D'après A. J. Bruce et I. Marin qui ont examiné la photographie (comm. pers.), il ne s'agit pas de cette espèce mais de *Pontonides ankeri* Marin, 2007 ou d'une forme proche. *Miropandalus hardingi* est une crevette de la famille des Pandalidae. Elle est assez facile à reconnaître à cause de sa morphologie très particulière. Décrite des îles Marshall, elle a été reconnue au Japon et aux Philippines et, pour la première fois dans ce travail, à la Réunion, ce qui étend considérablement sa répartition géographique.

Les crabes Cryptochiridae comprennent plusieurs dizaines d'espèces dont au moins cinq sont présentes à la Réunion (cf. annexe 2, p. 131). Le plus commun est *Hapalocarcinus marsupialis* qui forme des galles remarquables dans les coraux *Pocillopora*. *Cryptochirus* ? *coralliodytes* est reconnu avec doute sur la photographie présentée ici, car il a souvent été confondu avec *Lithoscaptus paradoxus*, également présent à la Réunion.

La crevette Pontoniinae *Pontonides ankeri*, sur un « corail fouet ». Longueur totale environ 1 cm.

La crevette Pandalidae *Miropandalus hardingi*, sur une gorgone. Longueur totale environ 1,5 cm.

Une galle formée dans une branche de corail *Pocillopora* par le crabe Cryptochiridae *Hapalocarcinus marsupialis*,

Le crabe *Hapalocarcinus marsupialis* le plus commun des crabes Cryptochiridae. Il forme des « galles » remarquables sur les branches des coraux *Pocillopora*.

Le crabe Quadrellinae, *Quadrella serenei*, sur sa gorgone. Largeur de la carapace de l'ordre de 1-1,5 cm.

Les crabes Quadrellinae sont des Trapeziidae reconnaissables à la forme hexagonale de leur carapace et leurs longues pinces. Ils vivent sur des coraux comme les antipathaires (coraux noirs), les gorgones ou certains alcyonaires (coraux mous). *Quadrella serenei* est reconnu par P. Castro (comm. pers.) sur la photo présentée ici par sa couleur et par la présence de tubercules non épineux sur le bord antérieur du mérus des chélipèdes.

Le crabe Cryptochiridae *Cryptochirus* ? *coralliodytes*, qui creuse son abri sur les branches des coraux *Pocillopora*. Longueur totale environ 0,5 cm.

Chez les crabes *Trapezia* qui vivent dans les coraux Pocilloporidae, le bord postérieur de la carapace est nettement moins long que le bord antérieur, ce qui donne à la carapace un aspect subtriangulaire. Sur les vingt-trois espèces recensées dans la révision mondiale de CASTRO *et al.* (2004), onze au moins sont présentes à la Réunion, pour la plupart signalées des travaux de RIBES (1978) et SERÈNE (1984). Huit sont illustrées ici. Mis à part *Trapezia richtersi*, qui n'est connue que de l'océan Indien occidental, toutes les espèces de la Réunion ont une distribution géographique de type indo-ouest pacifique, voir indo-pacifique pour *Trapezia digitalis* qui

Trapezia flavopunctata ressemble un peu par son patron de couleur à *T. rufopunctata*, mais avec des points blancs sur un fond orangé.

Trapezia bidentata de teinte orange, avec souvent un petit point rouge à l'extrémité distale du propode des pattes, utile pour reconnaître ce crabe en plongée.

Trapezia richtersi. Cette espèce, illustrée pour la première fois en couleurs, se distingue par les « réticulations » roses de la face interne des pinces. Elle n'est connue que de l'océan Indien occidental.

Trapezia lutea. Il a parfois été confondu à la Réunion avec *T. cymodoce* qui possède également une bande de poils sur la face dorsale externe de la pince. Il s'en distingue par sa carapace à bords latéraux arrondis, uniformément colorée en orange sur la face dorsale.

Trapezia septata. Les dessins sur sa carapace et ses pinces forment des alvéoles hexagonales, plus ou moins régulières.

Trapezia digitalis, de couleur brune à noire, avec un dessin réticulé remarquable sur la face interne des pinces.

Trapezia rufopunctata, remarquable par ses points rouges dont la taille et le nombre sont assez variables.

atteint la côte mexicaine, ou *T. bidentata* et *T. formosa* qui sont connues jusqu'aux îles Galápagos. *Trapezia septata* est signalée pour la première fois de l'océan Indien occidental à partir de la photographie présentée ici. Son signalement géographique le plus proche auparavant était le Sri Lanka.

Trapezia speciosa, espèce assez facile à reconnaître par les lignes sinueuses qui ornent sa carapace et ses pinces. Elle a été récoltée à la Réunion sur des coraux *Pocillopora* et *Stylophora*, jusqu'à 20 m.

Les crabes Domeciidae étaient autrefois classés avec les Trapeziidae. Trois espèces sont présentes à la Réunion dont *Palmyria palmyrensis* et *Domecia glabra*. *Palmyria palmyrensis* est illustré ici d'après un spécimen récolté au cours du travail de Ribes (1978) et déposé au Muséum national d'histoire naturelle de Paris (MNHNB 8376 ; cf. Castro *et al.*, 2004). Ce genre ne comprend qu'une espèce signalée de l'océan Indien jusqu'aux îles de la Ligne, dans le Pacifique occidental. Les crabes du genre *Domecia* vivent généralement dans les coraux bien qu'ils en soient parfois considérés comme des hôtes facultatifs (Castro *et al.*, 2004). Le genre comprend quatre espèces dont deux sont listées dans l'annexe 2 (p. 128). Le spécimen illustré ici est attribué avec hésitation à *Domecia glabra*, très commun dans l'Indo-ouest Pacifique.

Cymo quadrilobatus dans les branches d'un corail *Pocillopora*. Il se reconnaît à l'aspect tuberculé de ses pinces. Largeur de la carapace de l'ordre de 1-3 cm.

Domecia ? glabra, nom attribué avec hésitation à cette espèce, d'après la photographie. *D. hispida* pourrait aussi convenir. Largeur de la carapace de l'ordre de 1 cm.

Cymo andreossyi, proche de *C. melanodactylus*, dont il se distingue par la couleur blanche des doigts des pinces et la couleur bleue des yeux. Largeur de la carapace de l'ordre de 1-2 cm.

Pseudoliomera speciosa, espèce fréquente dans les coraux *Pocillopora*, parfois dans les débris coralliens. Largeur de la carapace de l'ordre de 1 cm.

Cymo melanodactylus, crabe *Cymo* « aux doigts noirs », le plus commun. Largeur de la carapace de l'ordre de 1-2,5 cm.

Les crabes *Cymo* sont des Xanthoidea à carapace plate et arrondie, souvent observés en plongée lorsqu'ils se faufilent dans les branches des coraux *Pocillopora*. SERÈNE (1984) signale cinq espèces dans l'océan Indien occidental, dont quatre sont présentes à la Réunion (cf. annexe 2, p. 130). Trois d'entre elles sont illustrées ici : *Cymo quadrilobatus* se reconnaît à l'aspect bosselé de la carapace et des pinces ; *C. andreossyi* a des yeux bleus caractéristiques ; *C. melanodactylus* se distingue par la couleur noire des doigts des pinces.

Pseudoliomera speciosa est un autre crabe Xanthoidea associé aux coraux *Pocillopora*. La récolte dans cet hôte ainsi que l'aspect bosselé de sa carapace, avec des taches de couleur orange, permettent de le reconnaître assez facilement.

Palmyria palmyrensis, spécimen réunionnais récolté sur un corail *Galaxea fascicularis* devant La Saline-les-Bains, à 30 m. Photographie d'un spécimen décoloré, repris de CASTRO *et al.*, 2004. Largeur de carapace environ 0,4 cm.

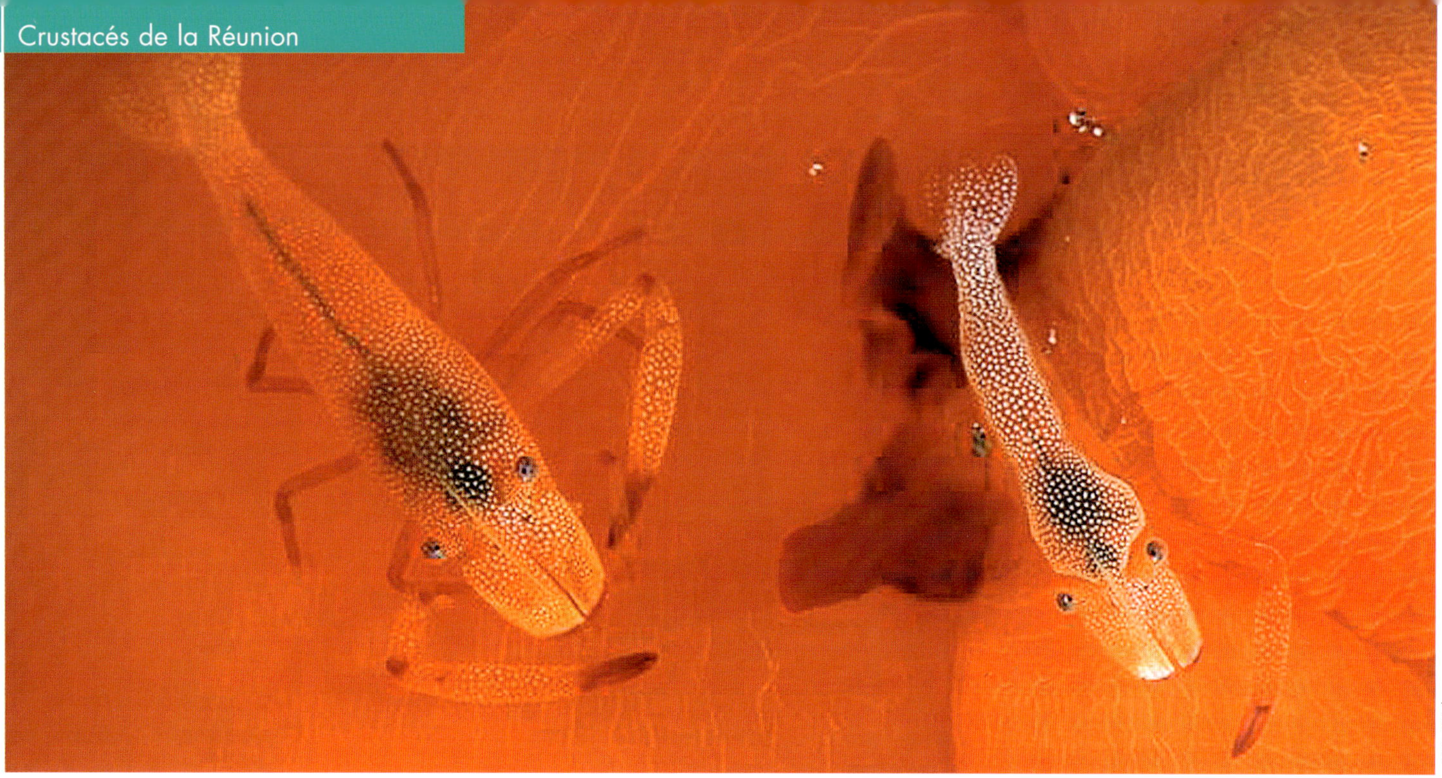

© L. Bêche

Periclimenes imperator, sur une holothurie. Crevettes souvent observées en couple.

Association avec les échinodermes

Les crustacés associés aux échinodermes (étoiles de mer, oursins, holothuries, crinoïdes) sont fréquents. BRUCE (1982) en mentionne 51 espèces pour les seules crevettes Pontoniinae. Huit espèces réunionnaises associées aux échinodermes sont illustrées ici. Les autres espèces de l'île qui sont également associées aux échinodermes sont des crevettes Alpheidae *(Arete dorsalis, Arete indicus, Athanas borradailei, Synalpheus stimpsonii)*, des crevettes Pontoniinae *(Periclimenaeus hecate)* et un crabe Eumedonidae *(Gonatonatus granulosus)*.

© A. Diringer

La crevette *Stegopontonia commensalis*,dans les piquants d'un oursin. Longueur totale de l'ordre de 2-3 cm.

Ces espèces ont une large distribution indo-ouest pacifique mais sont pour la plupart signalées de la Réunion pour la première fois, à partir de photographies sous-marines. *Stegopontonia commensalis* vit dans les piquants des oursins. Cette petite crevette, difficile à apercevoir entre les piquants, a été décrite des Tuamotu, associée à l'oursin *Echinotrix turcarum*. *Periclimenes imperator* et *P. soror* sont des crevettes Pontoniinae de quelques millimètres qui peuvent être aperçues sur des étoiles de mer, dans les piquants des oursins ou sur des holothuries. La couleur de la première, en particulier la teinte violette des doigts de la pince, est caractéristique et permet de la reconnaître facilement. Pour la seconde, plusieurs patrons de coloration distincts ont été observés avec la présence, ou non, d'une bande colorée dorsale, comme ici sur la photographie. *Laomenes tigris* a été décrite récemment du Vietnam par MARIN (2009) et semble distribuée dans tout l'Indo-ouest Pacifique, d'après les photographies consultables sur internet. Par son patron de couleur, le spécimen illustré ici pourrait appartenir à cette espèce.

© E. Lancelot

La crevette *Periclimenes soror*, dans les piquants d'une étoile de mer *Acanthaster*. Longueur totale de l'ordre de 0,5-1 cm.

© L. Bêche

La crevette *Laomenes* aff. *tigris*, dans les rameaux d'une comatule.
Longueur totale de l'ordre de 1,5 cm.

© Vie océane/F. Trentin

L'anomoure *Allogalathea elegans*, dans les rameaux d'une comatule. Longueur totale de l'ordre de 2-4 cm.

© A. Diringer

Le crabe *Tiaramedon spinosum*, sorti des rameaux de la comatule dans lequel il était pour pouvoir être correctement photographié. Largeur de la carapace de l'ordre de 1 cm.

Lexique

Comatule
Échinoderme de l'ordre des Comatulidae, caractérisé par ses bras en forme de rameaux ou de plumes.

Allogalathea elegans est un anomoure Galatheidae qui vit dans les comatules. Cette espèce est souvent photographiée dans les guides sur la faune corallienne ; elle présente une coloration très variable, de presque uniformément brune, comme à la Réunion, à une ou des bandes de couleur longitudinales sur le corps. *Echinoecus pentagonus* et *Tiaramedon spinosum* sont deux crabes Eumedoninae. Le premier vit dans le rectum des oursins (*Echinotrix* sp., *Diadema* sp.) et le second est associé à des comatules. *Lissocarcinus orbicularis* est un crabe Caphyrinae qui vit dans le rectum des holothuries, en particulier celles du genre *Halodeima*.

© Programme ANR Biotas

© A. Diringer

Les crabes *Echinoecus pentagonus* et *Lissocarcinus orbicularis* vivent tous les deux dans le rectum des échinodermes, un oursin pour le premier, une holothurie pour le second. Largeur de la carapace de l'ordre de 1-1,5 cm.

Association avec les anémones

Quatre espèces associées aux anémones, communes dans l'Indo-ouest Pacifique et facilement reconnaissables par leurs couleurs, sont illustrées ici : deux crevettes Pontoniinae (*Periclimenes brevicarpalis* et *P. inornatus*), un anomoure Porcellanidae *(Neopetrolisthes maculatus)*, un crabe Polydectinae *(Lybia tessellata)* qui porte des anémones au bout de ses pinces en les exhibant lors des comportements défensifs. Les autres crustacés de cet inventaire, réputés s'associer à des anémones, sont les crevettes *Alpheus amirantei*, *Periclimenes albolineatus* et même *Thor amboinensis* (cf. p. 54) observée sur des substrats variés mais régulièrement photographiée dans des anémones. À ces espèces, il convient d'ajouter quelques gros bernard-l'ermite qui portent des anémones sur la coquille qu'ils occupent (*Dardanus deformis*, *D. gemmatus*, cf. p. 59) ou qui, à défaut de trouver une coquille, protègent leur abdomen dans une anémone (*Sympagurus dofleini*, cf. p. 91).

© Vie océane/F. Trentin

@ E. Lancelot

Les crevettes *Periclimenes brevicarpalis* (en haut) et *Periclimenes inornatus* (en bas) dans les tentacules de l'anémone qu'elles occupent. Longueur totale de l'ordre de 1,5-2 cm.

L'anomoure *Neopetrolisthes maculatus* sous les tentacules de son anémone. Largeur de la carapace de l'ordre de 1 cm.

Le crabe *Lybia tessellata* réfugié dans les branches d'un corail *Pocillopora*, se protégeant avec les anémones fixées sur ses pinces. Largeur de la carapace de l'ordre de 1 cm.

Association avec les éponges

Les crustacés de cet inventaire qui ont été signalés dans des éponges sont les crevettes Alpheidae : *Alpheus spongiarum*, *Synalpheus neptunus*, *S. tumidomanus*, *S. pescadorensis* et *S. bituberculatus*. L'association avec des éponges est également observée chez certains crabes dont la cinquième paire de patte est modifiée pour porter un camouflage qui est parfois une éponge. C'est le cas chez les crabes Dromiidae *(Tumidodromia dormia* et *Cryptodromia fallax)* ou le crabe Homolidae de profondeur *Homola orientalis*. Chez les crabes Majidae, *Camposcia retusa* semble utiliser préférentiellement des éponges comme moyen de camouflage.

© Vie océane/F. Trentin

© A. Diringer

Camposcia retusa (en haut) et *Tumidodromia dormia* (en bas).
Deux crabes qui utilisent les éponges et d'autres matériaux, pour se camoufler.
C. retusa fixe son camouflage sur la carapace et les pattes, tandis que *T. dormia* saisit une grosse éponge à l'aide de sa cinquième paire de pattes, modifiée pour cette fonction.

Association avec les poissons

Les associations avec les poissons ont déjà été mentionnées pour les crevettes qui présentent un comportement de nettoyage, par exemple les *Stenopus* (cf. p. 53). Une autre association remarquable avec les poissons est celle des crevettes Alpheidae, qui vivent dans des terriers en association avec un poisson Gobiidae. À la Réunion, il s'agit par exemple d'*Alpheus* aff. *randalli*, dont le patron de couleur ressemble à celui d'*A. randalli* mais qui, selon A. Anker, appartient à une espèce distincte et d'*Alpheus* aff. *ochrostriatus*.

© L. Bèche

© A. Diringer

Les crevettes *Alpheus* sp. aff. *randalli* (à gauche) et *Alpheus* aff. *ochrostriatus*, (en haut) au bord de leur terrier, en compagnie de leur poisson Gobiidae.

Association avec les mollusques

Les associations avec les mollusques concernent des crevettes Alpheidae ou Pontoniinae ou les petits crabes de la famille des Pinnotheridae. À la Réunion, une seule espèce, *Conchodytes* aff. *meleagrinae*, a été reconnue, avec hésitation car le bivalve hôte n'a pas été clairement identifié.

© Programme ANR Biotas

La crevette *Conchodytes* aff. *meleagrinae*, extraite du bivalve dans lequel elle vit, souvent une huître.
Longueur totale de l'ordre de 1 cm.

Bilan et perspectives

Ce travail constitue le premier inventaire documenté et illustré de la faune des crustacés décapodes et stomatopodes de l'île de la Réunion : 483 espèces valides sont reconnues, soit 283 espèces de plus que la liste initiale de BOURMAUD (2003) qui a servi de base à cette compilation. La liste des espèces est documentée, c'est-à-dire qu'il est toujours possible de déterminer l'origine d'un signalement. Cette approche est fastidieuse mais absolument nécessaire pour pouvoir corriger les signalements qui pourraient être modifiés dans des révisions de systématique.

Les principales familles, comprenant à elles seules près de la moitié des espèces, sont : les crevettes Alpheidae (14 %) et Pontoniinae (11 %) ; les anomoures Diogenidae (5 %) ; les crabes Xanthidae (12 %) et Portunidae (7 %). Malgré l'augmentation importante du nombre des signalements, cet inventaire ne constitue qu'une étape intermédiaire vers une connaissance plus exhaustive de la faune réunionnaise. La comparaison avec la Polynésie française, mieux étudiée et avec une biodiversité comparable pour des taxons bien étudiés dans les deux régions (crevettes Alpheidae et Pontoniinae), indique qu'au moins un millier de crustacés décapodes et stomatopodes sont vraisemblablement présents à la Réunion et dans sa zone économique exclusive. Aux espèces valides de ce travail, il convient dès à présent d'ajouter une trentaine d'espèces dont la détermination n'a pas pu être effectuée correctement ou dont le statut taxonomique doit être revu, par exemple les quatre espèces illustrées en p. 21-22. L'analyse de l'inventaire montre que certains taxons sont visiblement sous-échantillonnés à la Réunion. Ce sont les stomatopodes, les crevettes fouisseuses du groupe des Thalassinidea, les bernard-l'ermite Diogenidae et Paguridae et certaines espèces de la pente externe, comme les crevettes Benthesicymidae et Pandalidae, les langoustes Polychelidae, les anomoures Chirostylidae, Lithodidae et Parapaguridae, et les crabes Homolidae. Il reste donc encore un travail important d'échantillonnage à effectuer à la Réunion avant de pouvoir disposer d'un bilan faunistique complétement satisfaisant.

En complément de cette liste, un bilan écologique illustre les espèces les plus communes, non pas par groupes taxonomiques mais par biotopes. Cette présentation est destinée à fournir un outil d'aide à la détermination pour les utilisateurs du lagon ou les gestionnaires du parc marin ; les plus grosses espèces ou celles qui sont colorées de façon remarquable pourront être reconnues facilement à partir de ces photographies. La majorité des espèces de la Réunion sont marines (463), seize sont des eaux douces ou saumâtres et seulement quatre peuvent être qualifiées de terrestres. En milieu marin, les espèces des fonds durs (basaltiques, coralliens) de la zone intertidale jusqu'au récif externe sont les plus diverses, avec plus de 220 espèces. Près de quatre-vingts sont des petites espèces qui vivent en association obligatoire avec les coraux ; elles sont à ce titre particulièrement vulnérables aux dégradations du récif qui peuvent être occasionnées par les activités humaines. Souvent très colorées et reconnaissables en plongée, elles peuvent servir de bio-indicateurs de la bonne santé du récif corallien. Une dizaine

Neaxius acanthus (A. Milne-Edwards, 1878). Crevette Thalassinidea commune de l'Indo-ouest Pacifique. La photographie correspond très probablement à cette espèce, selon P. Dworschak (comm. pers.).

© A. Diringer

Cinetorhynchus reticulatus Okuno, 1997. Crevette commune dans l'Indo-ouest Pacifique, reconnue sur la photographie par son patron de couleur.

© Laboratoire Ecomar, université de la Réunion/P. Frouin

Nursia mimetica Nobili, 1906, détermination préliminaire. Espèce de quelques millimètres, mimétique des grains de sable, auparavant seulement connue de Polynésie française.

Actumnus digitalis (Rathbun, 1907). Petit crabe indo-ouest pacifique reconnu sur des photographies transmises par P. Frouin et retrouvé, à cette occasion, dans les spécimens récoltés à la st. 4. Largeur de la carapace 1 cm.

d'espèces sont soumises à des activités de pêche, par exemple les langoustes *Panulirus penicillatus* et *P. longipes* et quelques gros crabes, comme *Carpilius maculatus* ou *Scylla serrata*. Elles sont très vulnérables et les mesures de protection mises en place pour les protéger doivent être strictement appliquées, voire même renforcées, pour les préserver.

L'étude zoogéographique montre que la plupart des crustacés de la Réunion sont largement distribués dans toute la province indo-ouest pacifique, depuis l'Afrique orientale jusqu'aux îles Hawaii et la Polynésie française et, pour certaines, jusqu'à l'île de Pâques et l'atoll de Clipperton.

Aucun endémisme probant n'est détecté à la Réunion. Les crustacés qui ne sont toujours connus que de l'île correspondent soit à des taxons dont le statut taxonomique n'est pas clair, soit à des taxons de profondeur mal échantillonnés dans les océans mondiaux et, à ce titre, mauvais indicateurs d'endémisme. Cependant, certaines espèces communes et faciles à reconnaître par leur couleur, comme les bernard-l'ermite *Calcinus rosaceus*, *C. vanninii*, *Ciliopagurus tricolor* ou le crabe *Trapezia richtersi*, sont cantonnées dans l'océan Indien occidental, ce qui indique que cette région est vraisemblablement une province biogéographique distincte de l'Indo-ouest Pacifique.

© Vie océane/F. Trentin

Daldorfia horrida, « crabe horrible », photographié devant Saint-Leu, Ravine-des-Poux.

Le travail d'inventaire régional est par essence frustrant car, à peine publié, il n'est déjà plus à jour par rapport aux nouvelles révisions taxonomiques et les erreurs ou omissions, inévitables lorsqu'un groupe aussi large que celui des crustacés décapodes est considéré dans son ensemble, ne peuvent plus être corrigées après la publication. Pour pallier ce problème, un projet internet a été construit en parallèle à cet ouvrage, avec la mise en ligne de la base de données qui en a servi de support (http://biodivreunion.free.fr et http://biodiv-reunion.ecole-navale.fr). Ce projet internet a suscité de nombreuses collaborations et permis de rajouter ici même plusieurs nouveaux signalements de la Réunion. En plus de la possibilité d'y faire des mises à jour pour la communauté scientifique, cet outil multimédia permet au plus grand nombre d'y faire des recherches personnalisées et d'y consulter des photographies ou données qui n'ont pu, elles, être intégrées à ce livre. Ce portail est particulièrement destiné au milieu scolaire, pour une sensibilisation à l'environnement et à la biodiversité, et aux gestionnaires du parc marin, pour une meilleure reconnaissance et protection des espèces. La pérennité de cette initiative pourra être assurée à terme en l'intégrant à des projets fédérateurs conduits, par exemple, par l'université de la Réunion, l'Agence des aires marines protégées ou le Muséum national d'histoire naturelle, lorsque la faune d'outre-mer sera progressivement intégrée au portail de l'Inventaire national du patrimoine naturel (INPN, http://inpn.mnhn.fr/).

Bibliographie

Sites en ligne

AAMP (Agence des aires marines protégées) – http://www.aires-marines.fr/

ABRS (Australian Biological Resources Study) – http://www.deh.gov.au/biodiversity/abrs/online-resources/fauna/

ETIC-UNIVERSITÉ DE LA RÉUNION – *Base de données préliminaire pour la gestion du parc marin.* http://etic.univ-reunion.fr/parcmarin/

ITIS (Integrated Taxonomic Information System) – *Authoritative taxonomic information on plants, animals, fungi, and microbes of North America and the world.* http://www.itis.gov/

INPN (Inventaire national du patrimoine naturel) – Muséum national d'histoire naturelle de Paris. http://inpn.mnhn.fr/

MASDEA (Marine Species Database for Eastern Africa) http://www.vliz.be/vmdcdata/Masdea/

POUPIN J. – *Tropical reef lobsters of the genus* Enoplometopus *(Astacidea: Enoplometopidae).* http://biomar.free.fr/enoplometopus/

POUPIN J. – *Central Pacific Crustacea (Decapoda and Stomatopoda). French Polynesia, Pitcairn, Easter Island, Clipperton, Wallis et Futuna.* http://decapoda.free.fr http://decapoda.ecole-navale.fr/index.php

POUPIN J., MASSOUKOU L. J. – *Biodiversité de l'île de la Réunion.* http://biodivreunion.free.fr http://biodiv-reunion.ecole-navale.fr

ROSENBERG M. S. – *Fiddler Crabs (Genus* Uca*).* http://www.fiddlercrab.info/

Ouvrages et revues

A

AHYONG S. T., 2001 – Revision of the Australian Stomatopod Crustacea. *Records of the Australian Museum,* suppl. 26, 326 p., 150 fig.

AHYONG S. T., 2002 – Stomatopoda (Crustacea) from the Marquesas Islands: results of Musorstom 9. *Zoosystema*, 24 (2) : 347-372, 9 fig.

AHYONG S. T., 2007 – « Shallow water Stomatopoda of New Caledonia (0-100 m) ». *In* Payri C. E., Richer de Forges B. (eds) : *Compendium of marine species of New Caledonia.* Nouméa, IRD, Documentation scientifique et technique II7, 2ᵉ édit. : 333-335.

ANKER A., 2001 – *Taxonomie et évolution des Alpheidae (Crustacea, Decapoda).* Thèse de doctorat en Zoologie et Biologie marine, Paris, MNHN fasc. I et II, 548 p., 134 fig. + annexes.

APEL M., SPIRIDONOV V. A., 1998 – Taxonomy and zoogeography of the portunid crabs (Crustacea: Decapoda: Brachyura: Portunidae) of the Arabian Gulf and adjacent waters. *Fauna of Arabia*, 17 : 159-331, 117 fig.

ASAKURA A., PAULAY G., 2003 – *Pylopaguropsis lemaitrei*, a new species of hermit crab (Decapoda: Anomura: Paguridae) from French Polynesia. *Crustacean Research*, 32 : 13-25, 7 fig.

B

BABA K., 2005 – *Deep-sea Chirostylid and Galatheid Crustaceans (Decapoda: Anomura) from the Indo-Pacific, with a list of species.* Galathea Reports, Scientific Results of The Danish Deep-Sea Expedition Round the World 1950-52. Copenhague, Zoological Museum, 20, 318 p., 94 fig.

BABA K., MACPHERSON E., POORE C. B., AHYONG S. T., BERMUDEZ A., CABEZAS P., LIN C.-W., NIZINSKI M., RODRIGUES C., SCHNABEL K. E., 2008 – Catalogue of squat lobsters of the world (Crustacea: Decapoda: Anomura - families Chirostylidae, Galatheidae and Kiwaidae). *Zootaxa,* 1905, 220 p., 5 fig.

BALSS H., 1934 – Sur quelques Décapodes brachyoures de Madagascar. *Faune des Colonies françaises. Contribution à l'étude des crustacés de Madagascar,* 5 (8) : 501-528, 1 pl.

BANERJEE S. K., 1960 – Biological results of the *Snellius* Expedition. XVIII-The genera *Grapsus*, *Geograpsus* and *Metopograpsus* (Crustacea Brachyura). *Temminckia*, 10 : 132-199, 6 fig.

BANNER A. H., BANNER D. M., 1983 – *An annotated checklist of the alpheid shrimp from the western Indian ocean.* Paris, Orstom, Travaux et documents, 158, 164 p.

BOURMAUD C., 2003 – *Inventaire de la biodiversité marine récifale à la Réunion.* La Réunion, Parc marin/Ecomar, rapport, 138 p.

BOUVIER E.-L., 1914 – Sur la faune carcinologique de l'île Maurice. *Compte rendus des séances de l'Académie des sciences,* séance du 23 novembre 1914, 159 : 698-705.

BOYKO C. B., 2002 – A worldwide revision of the recent and fossil sand crabs of the Albuneidae Stimpson and Blepharipodidae, new family (Crustacea: Decapoda: Anomura: Hippoidea). *Bulletin of the American Museum of Natural History*, 272, 396 p., 116 fig.

BRUCE A. J., 1978 – A report on a collection of pontoniine shrimps from Madagascar and adjacent waters. *Zoological Journal of the Linnean Society*, 62 : 205-290.

BRUCE A. J., 1979 – *Onycocaris furculata* sp. nov., a new pontoniine shrimp from la Réunion. *Cahiers Indo-Pacifique*, 1 : 323-334, 4 fig.

BRUCE A. J., 1980 – Notes on some Indo-Pacific Pontoniinae. XXXII-The occurrence of *Paratypton siebenrocki* Balss on La Réunion. *Crustaceana*, 38 : 237-246, 4 fig.

BRUCE A. J., 1982 – The shrimps associated with indo-west Pacific echinoderms, with the description of a new species in the genus *Periclimenes* Costa, 1844 (Crustacea, Pontoniinae). *Australian Museum Memoir*, 16 : 191-216, 8 fig.

BRUCE A. J., 1983 – A note on the pontoniine shrimp fauna of la Réunion. *Bulletin of Marine Science*, 33 (1) : 165-166.

BRUCE A. J., 1997 – A new genus of hippolytid shrimp (Crustacea, Decapoda, Hippolytidae) for *Thor maldivensis* Borradaile. *Memoirs of the Queensland Museum*, 42 (1) : 13-23, 6 fig.

BRUCE A. J., 2004 – A partial revision of the genus *Periclimenes* Costa, 1884 (Crustacea: Decapoda: Palaemonidae). *Zootaxa*, 582, 26 p.

C

CASTRO P., 1997 a – « Trapeziid crabs (Brachyura, Xanthoidea, Trapeziidae) of New Caledonia, eastern Australia, and the Coral Sea ». *In* Richer de Forges B. (éd.), *Les fonds meubles des lagons de Nouvelle-Calédonie (sédimentologie, benthos), vol. 3.* Paris, Orstom, Études et thèses : 59-107, 4 fig., 7 pl.

CASTRO P., 1997 b – « Trapeziid crabs (Brachyura, Xanthoidea, Trapeziidae) of French Polynesia ». *In* Richer de Forges B. (éd.) : *Les fonds meubles des lagons de Nouvelle-Calédonie (sédimentologie, benthos), vol. 3.* Paris, Orstom, Études et thèses : 109-139, 2 fig., 1 pl.

CASTRO P., 2007 –
A reappraisal of the family Goneplacidae MacLeay, 1838 (Crustacea, Decapoda, Brachyura) and revision of the subfamily Goneplacinae, with the description of 10 new genera and 18 new species. *Zoosystema*, 29 (4) : 609-774, 51 fig.

CASTRO P., NG P. K. L., AHYONG S. T., 2004 –
Phylogeny and systematics of the Trapeziidae Miers, 1886 (Crustacea: Brachyura), with the description of a new family. *Zootaxa*, 643, 70 p., 3 fig.

CHACE F. A., 1951 –
The oceanic crabs of the genera *Planes* and *Pachygrapsus*. *Proceedings of the United States National Museum*, 101 : 65-103, 8 fig.

CHACE F. A., BRUCE A. J., 1993 –
The caridean shrimps (Crustacea: Decapoda) of the *Albatross* Philippine expedition 1907-1910, part 6: Superfamily Palaemonoidea. *Smithsonian Contribution to Zoology*, 543, 152 p., 23 fig.

CHAN T. Y., CROSNIER A., 1991 –
« Crustacea Decapoda: Studies of the *Plesionika narval* (Fabricius, 1787) group (Pandalidae) with description of six new species ». *In* Crosnier A. (éd.): *Résultats des campagnes Musorstom, vol. 9.* Paris, MNHN, Mémoires du MNHN, 152 : 413-461, 39 fig.

CHAN T. Y., YU H. P., 1991 –
Two similar species: *Plesionika edwardsii* (Brandt, 1851) and *Plesionika crosnieri* new species (Crustacea: Decapoda: Pandalidae). *Proceedings of the Biological Society of Washington*, 104 (3) : 545-555, 3 fig.

CHIA D. G. B., CASTRO P., NG P. K. L., 1999 –
Revision of the genus *Echinoecus* (Decapoda, Brachyura, Eumedonidae), crabs symbiotic with sea urchins. *Journal of Crustacea Biology*, 19 (4) : 809-824, 6 fig.

CLEVA R., GUINOT D., ALBENGA L., 2007 –
Annotated catalogue of brachyuran type specimens (Crustacea, Decapoda, Brachyura) deposited in the Muséum national d'histoire naturelle, Paris. Part I: Podotremata. *Zoosystema*, 29 (2) : 229-279, 28 fig.

CROSNIER A., 1976 –
« Données sur les crustacés décapodes capturés par M. Paul Guézé à l'île de la Réunion, lors d'essais de pêche en eau profonde ». *In* Guézé P. (éd.) : *Biologie marine et exploitation des ressources de l'Océan Indien occidental.* Paris, Orstom, Travaux et documents, 47 : 225-256, 9 fig., 2 pl.

CROSNIER A., 1984 –
Sur quelques Portunidae (Crustacea, Decapoda, Brachyura) des îles Seychelles. *Bulletin du Muséum national d'histoire naturelle,* 6 (2) : 397-419, 8 fig., 1 pl.

CROSNIER A., 1985 a –
Campagne MD32 du *Marion-Dufresne* à la Réunion. Portunidae (Crustacea, Decapoda, Brachyura). *Résultats de la campagne MD32 du* Marion-Dufresne *à la Réunion et prospections littorales de la Vedette* japonaise. CNFRA, 1984 *(1985)*, 55 : 33-35.

CROSNIER A., 1985 b –
Crevettes pénéides d'eau profonde récoltées dans l'océan Indien lors des campagnes Benthedi, Safari I et II, MD32/Réunion. *Bulletin du Muséum national d'histoire naturelle*, 7 (4) : 839-877, 14 fig.

CROSNIER A., 1987 a –
Oplophoridae (Crustacea Decapoda) récoltés de 1971 à 1982 par les navires français dans l'océan Indien occidental sud. *Bulletin du Muséum national d'histoire naturelle*, 9 (3) : 695-726, 15 fig.

CROSNIER A., 1987 b –
Les espèces indo-ouest-pacifiques d'eau profonde du genre *Metapenaeopsis* (Crustacea, Decapoda, Penaeidae). *Bulletin du Muséum national d'histoire naturelle*, 9 (2) : 409-453, 20 fig.

CROSNIER A., 1988 a –
Contribution à l'étude des genres *Haliporus* Bate, 1881 et *Gordonella* Tirmizi, 1960 (Crustacea, Decapoda, Penaeoidea), description de deux espèces nouvelles. *Bulletin du Muséum national d'histoire naturelle*, 10 (3) : 563-601, 16 fig.

CROSNIER A., 1988 b –
Sur les *Heterocarpus* (Crustacea, Decapoda, Pandalidae) du sud-ouest de l'océan Indien. Remarques sur d'autres espèces ouest-pacifiques du genre et description de quatre taxa nouveaux. *Bulletin du Muséum national d'histoire naturelle*, 10 (1) : 57-103, 7 fig., 4 pl.

CROSNIER A., 1991 –
« Crustacea Decapoda : Les *Metapenaeopsis* indo-ouest-pacifiques sans appareil stridulant (Penaeidae). 2e partie ». *In* Crosnier A. (éd.), *Résultats des campagnes Musorstom, vol. 9.* Paris, MNHN, Mémoires du MNHN, 152 : 155-297, 92 fig.

CROSNIER A., 2002 –
Révision du genre *Parathranites* (Crustacea, Brachyura, Portunidae). *Zoosystema*, 24 (4) : 799-825, 11 fig.

CROSNIER A., MOOSA M. K., 2002 –
Trois Portunidae (Crustacea, Decapoda, Brachyura) nouveaux de Polynésie française. *Zoosystema*, 24 (2) : 385-399, 7 fig.

CROSNIER A., THOMASSIN B., 1975 –
Sur des crabes de la famille des Portunidae (Crustacea, Decapoda) nouveaux pour Madagascar ou rares. *Bulletin du Muséum national d'histoire naturelle*, 1974 *(1975)*, 165 : 1097-1118, 9 fig., 1 pl.

D

DAVIE P. J. F., 2002 –
« Crustacea: Malacostraca: Eucarida (part 2): Decapoda - Anomura, Brachyura ». *In* Wells A., Houston W. W. K. (eds) : *Zoological Catalogue of Australia*. Melbourne, Csiro Publishing, 19 (3B) : I-XIV, 642 p.

DAWSON E. W., YALDWYN J. C., 2000 –
Description and ecological distribution of a new frog crab (Crustacea, Brachyura, Raninidae) from Northwestern New Zealand waters, with keys to recent raninid genera and *Notosceles species*. *Tubinga*, 11 : 47-71, 11 fig.

DEBELIUS H., 2001 –
Crustacea guide of the world. Shrimps, Crabs, Lobsters, Mantis Shrimps, Amphipods. Frankfurt, Ikan, 2e edit., 322 p.

DE GRAVE S., PENTCHEFF N. D., AHYONG S. T., CHAN T. Y., CRANDALL K. A., DWORSCHAK P. C., FELDER D. L., FELDMANN R. M., FRANSEN C. H. J. M., GOULDING L. Y. D., LEMAITRE R., LOW M. E. Y., MARTIN J. W., NG P. K. L., SCHWEITZER C. E., TAN S. H., TSHUDY D., WETZER R., 2009 –
A classification of living and fossil genera of decapod crustaceans. *The Raffles Bulletin of Zoology*, suppl. series, 21, 110 p., 7 fig.

F

FOREST J., 1984 –
Révision du genre *Aniculus* Decapoda Diogenidae. *Crustaceana*, suppl. 8, 92 p., 89 fig.

FOREST J., 1989 –
Sur le genre *Bathynarius* gen. nov. (Decapoda, Diogenidae). *Bulletin du Muséum national d'histoire naturelle*, 1988 *(1989)*, 10 (4) : 759-784, 9 fig.

FOREST J., 1993 –
Présence du genre *Bathynarius* (Crustacea, Decapoda, Diogenidae) en Indonésie et dans le Pacifique central, avec la description de deux espèces nouvelles. *Bulletin du Muséum national d'histoire naturelle*, 1992 (1993), 14 (2) : 483-500, 15 fig.

FOREST J., 1995 –
« Crustacea Decapoda Anomura : Révision du genre *Trizopagurus* Forest, 1952 (Diogenidae) avec l'établissement de deux genres nouveaux ». *In* Crosnier A. (éd.) : *Résultats des campagnes Musorstom, vol. 13.* Paris, MNHN, Mémoires du MNHN, 163 : 9-149, 30 fig.

G

GALIL B. S., 1997 –
« Crustacea, Decapoda: A revision of the Indo-Pacific species of the genus *Calappa* Weber, 1795 (Calappidae) ». *In* Crosnier A. (éd.) : *Résultats des campagnes Musorstom, vol. 18.* Paris, MNHN, Mémoires du MNHN, 176 : 271-335, 35 fig.

GALIL B. S., 2001 –
The Calappidae of the Marquesas Islands with a description of a new species of *Mursia* (Crustacea, Decapoda, Brachyura). *Zoosystema*, 23 (3) : 499-505, 4 fig.

GRIFFIN D. J. G., TRANTER H. A., 1986 –
The Decapoda Brachyura of the *Siboga* Expedition. Part. 8 : Majidae. *Siboga Expedition,* Brill Archive, Monographie, 39, 336 p., 112 fig., 22 pl.

GUÉZÉ P., 1976 –
« La pêche aux crevettes de profondeur à la Réunion ». *In* Guézé P. (éd.) : *Biologie marine et exploitation des ressources de l'Océan Indien occidental.* Paris, Orstom, Travaux et documents, 47 : 269-283, 1 fig.

GUINOT D., 1967 –
La faune carcinologique de l'océan Indien occidental et de la mer Rouge. Catalogue, remarques biogéographiques et bibliographie.
Mémoires de l'Institut fondamental d'Afrique noire, Ifan-Dakar, 1966 (1977), 77 : 237-352.

GUINOT D., 1967 –
Recherches préliminaires sur les groupements naturels chez les crustacés décapodes brachyoures. II-Les anciens genres *Micropanope* Stimpson et *Medaeus* Dana. *Bulletin du Muséum national d'histoire naturelle*, 39 (2) : 345-374.

GUINOT D., 1985 –
Crabes bathyaux de l'île de la Réunion. Description de *Cyrtomaia guillei* sp. nov., de *Platypilumnus inermis* sp. nov. et de *Psopheticus vocans* sp. nov. (Crustacea, Decapoda, Brachyura). *Résultats de la campagne MD32 du* Marion-Dufresne *à la Réunion et prospections littorales de la Vedette* japonaise. CNFRA, 1984 *(1985),* 55 : 7-31, 5 fig., 4 pl.

GUINOT D., 1990 –
« Crustacea Decapoda : le genre *Psopheticus* Wood-Mason, 1892 (Goneplacidae) ». *In* Crosnier A. (éd.) : *Résultats des campagnes Musorstom, vol. 6.* Paris, MNHN, Mémoires du MNHN, 145 : 331-367.

GUINOT D., RICHER DE FORGES B., 1981 –
Homolidae, rares ou nouveaux, de l'Indo-Pacifique (Crustacea, Decapoda, Brachyura). *Bulletin du Muséum national d'histoire naturelle*, 3 (2) : 523-581, 7 fig., 8 pl.

GUINOT D., RICHER DE FORGES B., 1982 –
Révision du genre indo-Pacifique *Cyrtomaia* Miers, 1886 : campagnes océanographiques du *Challenger*, de l'*Albatross*, du *Siboga* et du *Vauban* (Crustacea, Decapoda, Brachyura). *Annales de l'Institut océanographique,* nouvelle série, 58 (1) : 5-88, 55 fig.

GUINOT D., RICHER DE FORGES B., 1985 –
« Crustacés décapodes : Majidae (genre *Platymaia, Cyrtomaia, Pleistacantha, Sphenocarcinus* et *Naxioides*) ». *In* Forest J. (éd.) : *Résultats des campagnes Musorstom, tome II.* Paris, MNHN, Mémoires du MNHN, 133 : 83-175, 21 fig., 11 pl.

GUINOT D., RICHER DE FORGES B., 1995 –
« Crustacea Decapoda Brachyura : Révision de la famille des Homolidae de Haan, 1839 ». *In* Crosnier A. (éd.) : *Résultats des campagnes Musorstom, vol. 13.* Paris, MNHN, Mémoires du MNHN, 163 : 283-517, 76 fig.

H

HOFFMANN C. K., 1874 –
« Crustacés et échinodermes de Madagascar et de l'île de la Réunion ». *In* Pollen F. P. L., van Dam D. C. (éd.) : *Recherches sur la faune de Madagascar et de ses dépendances,* 5 (2) : 1-58.

HOLTHUIS L. B., 1980 –
FAO species catalogue. Vol. 1-Shrimps and Prawns of the World. An annotated catalogue of species of interest to fisheries. Rome, FAO, FAO Fisheries Synopsis, 125 (1), 262 p.

HOLTHUIS L. B., 1985 –
A revision of the family Scyllaridae (Crustacea: Decapoda: Macrura). I-Subfamily Ibacinae. *Zoologische Mededeelingen,* 218 : 1-130.

HOLTHUIS L. B., 1991 –
Marine Lobsters of the World. An annotated and illustrated catalogue of species of interest to fisheries known to date. Rome, FAO, FAO Fisheries Synopsis, 125 (13), 292 p., 459 fig.

HOLTHUIS L. B., 2002 –
The Indo-Pacific scyllarine lobsters (Crustacea, Decapoda, Scyllaridae). *Zoosystema*, 24 (3) : 499-683, 69 fig.

HOLTHUIS L. B., 2006 –
Revision of the genus *Arctides* Holthuis, 1960 (Crustacea, Decapoda, Scyllaridae). *Zoosystema*, 28 (2) : 417-433, 3 fig.

J

JUNCKER M., POUPIN J., 2009 –
Crustacés de Nouvelle-Calédonie. Illustration des espèces communes et liste documentée des espèces terrestres et des récifs. Nouméa, Crisp, rapport scientifique, 20 p. + annexe 58 p. (disponible sur http://www.crisponline.net/).

K

KATO S., OKUNO J., 2001 –
Shrimps and crabs of Hachijo Island. Tokyo, Tbs-Britannica Co., 158 p.

KEITH P., 2002 –
Freshwater fish and decapod crustacean populations on Réunion Island, with an assessment of species introductions. *Bulletin français de la Pêche et de la Pisciculture*, 364 : 97-107, 1 fig.

KEITH P., VIGNEUX E., BOSC P., 1999 –
Atlas des poissons et crustacés d'eau douce de la Réunion. Paris, MNHN/SPN, Patrimoines naturels, 39, 136 p.

KEITH P., MARQUET G., VALADE P., BOSC P., VIGNEUX P., 2006 –
Atlas des poissons et des crustacés d'eau douce des Comores, Mascareignes et Seychelles. Paris, MNHN/SPN, Patrimoines naturels, 65, 250 p.

KOMAI T., 2004 –
« A review of the Indo-West Pacific species of the genus *Glyphocrangon* A. Milne-Edwards, 1881 (excluding the *G. caeca* species group) (Crustacea: Decapoda: caridea: Glyphocrangonidae) ». *In* Marshall B., Richer de Forges B. (eds) : *Tropical Deep-Sea Benthos, vol. 23.* Paris, MNHN, Mémoires du MNHN, 191 : 375-610, 122 fig.

KOMAI T., 2008 –
A world-wide review of species of the deep-water crangonid genus *Parapontophilus* Christoffersen, 1988 (Crustacea, Decapoda, Caridea), with descriptions of ten new species. *Zoosystema*, 30 (2) : 261-332, 36 fig.

KOMAI T., OSAWA M., 2006 –
A review of the *Pagurixus boninensis* species group, with descriptions of six new species (Crustacea: Decapoda: Anomura: Paguridae). *Zootaxa*, 1214, 108 p. 48 fig.

L

LAMARCK J.-B., 1818 –
Histoire naturelle des animaux sans vertèbres, présentant les caractères généraux et particuliers de ces animaux, leur distribution, leurs classes, leurs familles, leurs genres, et la citation des principales espèces qui s'y rapportent ; précédée d'une Introduction offrant la détermination des caractères essentiels de l'animal, sa distinction du végétal et des autres corps naturels, enfin, l'exposition des principes fondamentaux de la zoologie. Paris, Déterville, 5, 612 p.

LEBEAU A., 1976 –
« Compte rendu des essais de pêches profondes de crevettes aux casiers ». *In* Guézé P. (éd.) : *Biologie marine et exploitation des ressources de l'océan Indien occidental.* Paris, Orstom, Travaux et documents, 47 : 257-265.

LEMAITRE R., 2004 –
« A worldwide review of hermit crab species of the genus *Sympagurus* Smith, 1883 (Crustacea: Decapoda: Parapaguridae) ». *In* Marshall B., Richer de Forges B. (eds) : *Tropical Deep-sea Benthos, vol. 23.* Paris, MNHN, Mémoires du MNHN, 191 : 85-149, 35 fig.

LI X., BRUCE A. J., 2006 –
Further Indo-West Pacific palaemonoid shrimps (Crustacea: Decapoda: Palaemonoidea), principally from the New Caledonian region. *Journal of Natural History*, 40 (11-12) : 611-738, 31 fig.

LOH L. W., NG P. K. L., 1999 –
Notes on some southeast Asian species of spider crabs of the genera *Doclea* and *Hyastenus* (Crustacea: Decapoda: Brachyura: Majidae). *The Raffles Bulletin of Zoology*, 47 (1) : 59-72, 8 fig.

LUCAS J. S., 1980 –
Spider crabs of the family Hymenosomatidae (Crustacea; Brachyura) with particular reference to Australian species: Systematics and biology. *Records of The Australian Museum*, 33 (4) : 148-247, 10 fig.

M

MACPHERSON E., 1988 –
Lithodid crabs (Crustacea, Decapoda, Lithodidae) from Madagascar and La Réunion (SW Indian Ocean) with descriptions of two new species. *Bulletin du Muséum national d'histoire naturelle,* 10 (1) : 117-133, 2 fig., 3 pl.

MACPHERSON E., 2007 –
Species of the genus *Munidopsis* Whiteaves, 1784 from the Indian and Pacific Oceans and reestablishment of the genus *Galacantha* A. Milne-Edwards, 1880 (Crustacea, Decapoda, Galatheidae). *Zootaxa,* 1417, 136 p., 55 fig.

MACPHERSON E., SAINT-LAURENT M. (de), 2002 – On the genus *Munida* Leach 1820 (Decapoda, Galatheidae) from the western and southern Indian Ocean, with the description of four new species. *Crustaceana*, 75 (3-4) : 465-484, 4 fig.

MANNING R. B., 1977 – Stomatopod Crustacea in the Museum d'histoire naturelle, Geneva. *Revue suisse de Zoologie*, 84 (2) : 279-296.

MANNING R. B., 1978 a – New and rare stomatopod Crustacea from the Indo-West-Pacific region. *Smithsonian Contribution to Zoology*, 264 : 1-36, 16 fig.

MANNING R. B., 1978 b – A new genus of stomatopod crustacean from the Indo-West Pacific region. *Proceedings of the Biological Society of Washington*, 91 (1) : 1-4, 1 fig.

MARIN I. 2009 – Crinoid-associated shrimps of the genus *Laomenes* A.H. Clark, 1919 (Caridea: Palaemonidae: Pontoniinae): new species and probable diversity. *Zootaxa*, 1971, 50 p.

MARTIN J. W., DAVIS G. E., 2001 – *An updated classification of the recent crustacea.* Los Angeles, Natural History Museum of Los Angeles County, Science Series 39, 124 p.

MCLAUGHLIN P. A., RAHAYU D. L., KOMAI T., CHAN T.-Y., 2007 – *A catalog of the hermit crabs (Paguroidea) of Taiwan.* Keelung, National Taiwan Ocean University, I-VIII, 366 p.

MCLAY C. L., 1999 – « Crustacea Decapoda: Revisions of the family Dynomenidae ». *In* Crosnier A. (éd.) : *Résultats des campagnes Musorstom, vol. 20.* Paris, MNHN, Mémoires du MNHN, 180 : 427-569, 41 fig.

MILNE-EDWARDS A., 1862 a – Faune carcinologique de l'île Bourbon (extrait). *Annales Sciences naturelles, Zoologie,* série 4, 17 : 362.

MILNE-EDWARDS A., 1862 b – « Faune carcinologique de l'île de la Réunion ; annexe F ». *In* Maillard L. : *Notes sur l'île de la Réunion.* Paris, Dentu : 1-16, 3 pl.

MILNE-EDWARDS A., 1865 – Études zoologiques sur les crustacés récents de la famille des Cancériens. *Nouvelles Archives du Muséum*, 1re série, 1 : 177-308, 9 pl.

MILNE EDWARDS H., 1834-1837 – *Histoire naturelle des crustacés, comprenant l'anatomie, la physiologie et la classification de ces animaux.* Paris, Librairie de Roret, Atlas, I-1834 : I-XXXV, 468 p. ; II-1837 : 532 p.

MONOD T., 1975 – Sur quelques crustacés malacostracés de l'île de la Réunion. *Bulletin du Muséum national d'histoire naturelle,* 319 (226) : 1005-1033, 16 fig.

MONOD T., POSTEL E., 1968 – Notes sur une langouste brévicorne peu connue, *Justitia longimana* (H. Milne Edwards). *Crustaceana*, 14 : 178-184, 9 fig., 1 pl.

MOOSA M. K., 1985 – Notes on stomatopod Crustacea from La Réunion and Mauritius. *Résultats de la campagne MD32 du* Marion-Dufresne *à la Réunion et prospections littorales de la Vedette* japonaise. CNFRA, 1984 *(1985)* : 55 : 37-40.

MÜLLER H. G., 1994 – *World catalogue and bibliography of the recent Stomatopoda.* Wissenschafler Verlag, Laboratory for Tropical Ecosystems, Research and Information Service, Wetzlar, Germany, 288 p.

N

NG P. K. L., 1999 – A synopsis of the genus *Aethra* Latreille, 1816 (Decapoda, Brachyura, Parthenopidae). *Crustaceana*, 72 (1) : 109-121, 5 fig.

NG P. K. L., CLARK P. F., 2003 – Three new genera of Indo-West Pacific Xanthidae (Crustacea, Decapoda, Brachyura, Xanthoidea). *Zoosystema*, 25 (1) : 131-147, 4 fig.

NG P. K. L., DAVIE P. J. F., GUINOT D., 2008 – *Systema Brachyurorum*: Part 1. An Annotated checklist of extant Brachyuran crabs of the world. *The Raffles Bulletin of Zoology, suppl. series*, 17, 286 p., 198 fig.

NOBILI G., 1905 – Note synonymique sur *Actaea Kraussi* A.M.E. nec Heller. *Bulletin du Muséum national d'histoire naturelle*, 11 (4) : 235-237.

O

OKUNO J., 1997 – « Crustacea Decapoda: Review on the genus *Cinetorhynchus* Holthuis, 1995 from the Indo-West Pacific (Caridea, Rhynchocinetidae) ». *In* Richer de Forges B. (éd.) : *Les fonds meubles des lagons de Nouvelle-Calédonie (sédimentologie, benthos), vol. 3.* Paris, Orstom, Études et thèses : 31-58, 12 fig., 1 pl.

P

PAYRI C. E., RICHER DE FORGES B. (éd.), 2007 – *Compendium of marine species from New Caledonia.* Documents scientifiques et techniques du centre IRD de Nouméa, vol. spécial, 2e édit. II7, 392 p., 19 pl.

PÉREZ-FARFANTE I., KENSLEY B., 1997 – *Penaeoid and sergestoid shrimps and prawns of the world, keys and diagnoses for the families and genera.* Paris, MNHN, Mémoires du MNHN, *Zoologie*, 175, 234 p., 143 fig.

PEYROT-CLAUSADE M., 1977 – *Faune cavitaire mobile des platiers coralliens de la région de Tuléar (Madagascar).* Thèse de doctorat en Sciences naturelles, université Aix-Marseille-II, 184 p. + annexe.

POUPIN J., 1994 – The genus *Justitia* Holthuis, 1946, with the description of *J. chani* and *J. vericeli* spp. nov. (Crustacea: Decapoda: Palinuridae). *Journal of Taiwan Museum*, 47 (1) : 37-56, 4 fig., 2 pl.

POUPIN J., 1996 – *Atlas des crustacés marins profonds de Polynésie française. Récoltes du navire* Marara, *1986/1996.* Montlhéry, SMSRB, rapport scientifique, 60 p., 20 fig.

POUPIN J., 2003 – Reef lobsters *Enoplometopus* from French Polynesia (Decapoda, Enoplometopidae). *Zoosystema*, 25 (4) : 643-664, 8 fig.

POUPIN J., 2005 – *Systématique et écologie des crustacés décapodes et stomatopodes de Polynésie française.* Mémoire d'habilitation à diriger des recherches, université de Perpignan, 116 p., 46 fig.

POUPIN J., JUNCKER M., 2008 – *Crustacés des îles Wallis et Futuna : inventaire illustré, espèces commercialisables et capture des formes larvaires.* Nouméa, Crisp, rapport technique, 44 p., 18 fig., 7 pl. (disponible sur http://www.crisponline.net/).

POUPIN J., MALAY M. C., 2009 – Identification of a *Ciliopagurus strigatus* (Herbst, 1804) species-complex, with description of a new species from French Polynesia (Crustacea, Decapoda, Anomura, Diogenidae). *Zoosystema*, 31 (2) : 209-232, 9 fig.

POUPIN J., DAVIE P. J. F., CEXUS J. C., 2005 – A review of the crab genus *Pachygrapsus* (Crustacea: Decapoda: Grapsidae), with special reference to the South-west Pacific. *Zootaxa*, 1015, 66 p., 18 fig.

POUPIN J., BOUCHARD J.-M., ALBENGA L., CLEVA R., HERMOZO-SALAZAR M., SOLÍS-WEISS V., 2009 – « Les crustacés décapodes et stomatopodes, inventaire, écologie, et zoogéographie ». *In* Charpy L. (coord.) : *Clipperton. Environnement et biodiversité d'un microcosme océanique.* Paris, MNHN-IRD, Patrimoines naturels, 68 : 163-216, 67 fig.

R

RIBES S., 1978 – *La macrofaune vagile associée à la partie vivante des scléractiniaires sur un récif frangeant de l'île de la Réunion (océan Indien).* Thèse de doctorat de 3e cycle en Océanologie, université Aix-Marseille-II, 168 p., 28 fig.

RIBES S., 1989 – Les Raninidae du sud-ouest de l'océan Indien (Crustacea, Decapoda, Brachyura). *Bulletin du Muséum national d'histoire naturelle*, 11 (4) : 905-919, 3 fig., 2 pl.

RIBES-BEAUDEMOULIN S., SORIANO T., CARATINI J., 2002 – *Merveilles sous-marines. La vie récifale à la Réunion.* Bergamo, Tecnograph S.A., 192 p.

Richer de Forges B., Poupin J., Laboute P., 1999 – « La campagne Musorstom 9 dans l'archipel des îles Marquises (Polynésie française). Compte rendu et liste des stations ». *In* Crosnier A. (éd.) : *Résultats des campagnes Musorstom, vol. 20.* Paris, MNHN, Mémoires du MNHN, 145 : 9-29, 10 fig.

S

Sakai K., 2004 – *Crabs of Japan.* Amsterdam, ETI Bioinformatics, CD-ROM.

Serène R., 1984 – *Crustacés décapodes brachyoures de l'océan Indien occidental et de la mer Rouge. Xanthoidea : Xanthidae et Trapeziidae.* Paris, Orstom, collection Faune tropicale, 24, 350 p., 243 fig., 47 pl.

Serène R., Peyrot-Clausade M., 1977 – Description d'*Itampolus peresi* Gen. nov. et Sp. nov. (Decapoda, Brachyura, Xanthidae). *Crustaceana*, 32 (3) : 286-289, 8 fig.

Stephenson W., 1972 – An annotated check list and key to the Indo-West Pacific swimming crabs (Crustacea: Decapoda: Portunidae). *Bulletin of the Royal Society of New Zealand*, 10 : 1-64.

T

Tan S. H., Ng P. K. L., 2007 – Review of the subfamily Daldorfiinae Ng & Rodriguez, 1986 (Crustacea: Decapoda: Brachyura: Parthenopidae). *The Raffles Bulletin of Zoology*, 16 : 121-167, 30 fig.

Tavares M., 1994 – *Xeinostoma inopinatum* sp. nov. a new crab from Reunion Island, South Indian Ocean (Crustacea: Brachyura: Cyclodorippidae: Xeinostomatinae). *Memoirs of Museum Victoria*, 54 (1) : 121-123.

Tavares M., 2006 – A new species of the crab genus *Cosmonotus* Adams & White *in* White, 1848 (Crustacea, Podotremata, Raninidae) from the Indo-West Pacific Ocean. *Zoosystema*, 28 (2) : 533-537, 1 fig.

V

Van Wormhoudt A., 2009 – « Existence de sous-espèces d'*Alpheus lottini* à Clipperton ». *In* Charpy L. (coord.) : *Clipperton. Environnement et biodiversité d'un microcosme océanique.* Paris, MNHN-IRD, Patrimoines naturels, 68 : 172-173, 1 fig.

W

Wei T. P., Hwang J. S., Tsai M. L., Fang L. S., 2006 – New records of gall crabs (Decapoda, Cryptochiridae), from Orchid Island, Taiwan, Northwestern Pacific. *Crustaceana*, 78 (9) : 1063-1077, 2 fig.

Annexe 1

Liste des stations

Pour chaque station sont indiqués successivement : le numéro, la date, le sous-lieu, un commentaire, la latitude sud, la longitude est. Les numéros de ces stations figurent sur les étiquettes des échantillons conservés pendant cette mission et déposés au Muséum de Saint-Denis de la Réunion ou dans les collections du Muséum national d'histoire naturelle de Paris.

1 — 29/03/08 — Saint-Leu, plage située au niveau de la gendarmerie — Sortie de 18/21 h, nuit tombante. Apnée lagon, fort ressac, pas de récoltes. Plage de sable noir, nuit à marée basse. Zones supra et infralittorale. Petite pointe rocheuse avec des Grapsidae. Prospection sous les filaos. — 21°10'48" S — 55°17'10" E.

2 — 30/03/08 — Pointe-au-Sel, crique sableuse — Sortie 15/17 h. Soleil, mer descendante. Récoltes lors du ressac dans de petites cuvettes entre des blocs de basaltes. Prospection du cordon supralittoral, gravats coralliens grossiers. — 21°11'50" S — 55°17'00" E.

3 — 30/03/08 — Comme la station 1 — Sortie 22/01 h. Photographie de petits ocypodes en milieu de la plage. Gros ocypodes (*O. ceratophthalma*) présents dans le bas de la plage, visibles au retrait des vagues. Sous les filaos, récoltes *Coenobita rugosus*. Refait cette sortie le 2/04/08 pour compléter les photos. — 21°10'48" S — 55°17'10" E.

4 — 31/03/08 — La Saline-les-Bains, Trou-d'Eau — Plongée lagon de nuit, 20/21 h, avec Jérôme Clotagatide et Sonia Ribes. Photo *in situ* de S. Ribes. Lagon sableux avec des patates de corail (*Acropora*, *Pocillopora*, *Porites*...). Sur la plage, observation de crabes ocypodes. — 21°05'50" S — 55°14'00" E.

5 — 1/04/08 — Le Sentier-Marin, l'Ermitage-les-Bains — Plongée lagon de nuit, 20 h 30/22 h, Sully Blancard, Sonia Ribes, Alain Diringer et Florence Trentin. Houle forte, pas de photo. Sortie plage, Joseph Poupin, observation de terriers en haut de plage vraisemblablement d'*Ocypode cordimana*. — 21°05'00" S — 55°13'20" E.

6 — 2/04/08 — Estuaire des Trois-Bassins — Récoltes terrestres, 20/22 h. Photographies dans une aire à *Cardisoma*. Récolte de *Metopograpsus* dans la rivière. Pas de crabe *Uca* observé dans l'estuaire, côté mer. Pas vu de *Geograpsus crinipes* en haut de côte, dans la zone herbacée. — 21°06'35" S — 55°15'20" E.

7 — 9/03/08 — Saint-Leu kiosque — Galets près du bord au kiosque de Saint-Leu. Collections de Sonia Ribes — 21°11'05" S — 55°17'10" E.

8 — 3/04/08 — Étang-Salé — Plongée lagon de nuit, derrière les bateaux, 21/22 h, Alain Barrère et Florence Trentin. Rivage à pied avec une lampe, Joseph Poupin. — 21°16'10" S — 55°20'00" E.

9 — 06/04/08 — Comme la station 1 — Plongée lagon de jour, 10/12 h, Sonia Ribes, Joseph Poupin, Yehuda Behayamou, 1-2 m, très calme, récolte de *Calcinus morgani* — 21°10'48" S — 55°17'10" E.

10 — 07/04/08 — Petite-Île, Grande-Anse — Sortie sur le littoral SW avec Yanick Clain, 19/20h30, apnées nocturnes dans le bassin de Grande-Anse et récoltes sur les rochers environnants. — 21°22'15" S — 55°32'55" E.

11 — 08/04/08 — Comme station 2 — Crique sableuse direction Saint-Leu, récoltes de « carabosse », crabes Hippidae, avec Jérôme Clotagatide et Sully Blancard. — 21°11'50" S — 55°17'00" E.

12 — 08/04/08 — Devant le centre « Kelonia » à Saint-Leu — 19/22 h, plongée de nuit sur le récif frangeant et externe, Yanick Clain, Joseph Poupin, Jérôme Clotagatide et Sully Blancard. Récoltes de crabes *Carpilius*, *Percnon*, de langoustes (2 espèces) et cigales (2 espèces). — 21°09'15" S — 55°16'50" E.

13 — 2007 — Captures de pêcheurs, 80-500 m — Récoltes déposées à l'aquarium de Saint-Gilles à Patrick Durville. Intégrées aux collections de cette mission (*Sympagurus dofleini*, *Progeryon guinotae*, *Plesionika* sp., *Heterocarpus* sp.) et achat aux pêcheurs en bord de route (*Ranina ranina*, de 80 m).

14 — 11/04/08 — Pointe-Aviron — Récoltes zone intertidale rocheuse, 9/11 h, Joseph Poupin, Jérôme Clotagatide, Guillaume Nédelec, Sully Blancard. Crabes Grapsidae. — 21°15'10" S — 55°19'15" E.

15 — 11/04/08 — Comme station 7, kiosque à Saint-Leu — Récoltes zone intertidale rocheuse, 11/12 h, Joseph Poupin, Jérôme Clotagatide, Guillaume Nédelec, Sully Blancard. Récolte du crabe *Eriphia sebana*. — 21°11'05" S — 55°17'10" E.

16 — 14/04/08 — Pointe-des-Châteaux, Saint-Leu — Zone réserve totale, observations en apnée à marée basse, 10/13 h. Crabes : *Carpilius maculatus*, *Pseudograpsus albus*. Anomoures : *Aniculus ursus*, *Calcinus elegans*, *C. morgani*, *C. latens*, *Clibanarius* sp., *Dardanus guttatus*. — 21°09'10" S — 55°16'30" E.

Annexe 2

Liste documentée des espèces reconnues à la Réunion

Cette liste reprend l'ordre taxonomique proposé par MARTIN et DAVIS (2001) et, pour les crabes, par NG *et al.* (2008), avec quelques ajustements pour tenir compte de la révision de DE GRAVE *et al.* (2009). Les origines de chaque signalement sont indiquées par ordre chronologique en intégrant, au besoin, les modifications survenues depuis le premier signalement, par exemple un nouveau classement générique ou une correction de la première détermination. Les références de monographies de systématique récentes sont parfois indiquées pour y rechercher des informations complémentaires (synonymie, orthographe, distribution...). Les taxons déposés au Muséum national d'histoire naturelle de Paris sont identifiables par l'abréviation MNHN.

Ordre Stomatopoda Latreille, 1817

Super-famille Gonodactyloidea Giesbrecht, 1910
Famille Gonodactylidae Giesbrecht, 1910

1. *Gonodactylus chiragra* (Fabricius, 1781)
   Gonadactylus chiragrus - A. Milne-Edwards, 1862, annexe F : 16 (Réunion, coll. L. Maillard) - Hoffman, 1874 : 36 (Réunion). - *Gonodactylus chiragra* - Moosa, 1985 : 39 (Réunion, liste). - Ahyong, 2001 : 67 (synonymie, distribution).

2. *Gonodactylus platysoma* Wood-Mason, 1895
   Gonodactylus platysoma - Manning, 1977 : 283 (Réunion). - Moosa, 1985 : 39 (Réunion, liste). - Mission Poupin, avril 2008 (détermination d'après photographie de F. Trentin).

3. *Gonodactylus smithii* Pocock, 1893
   Gonodactylus smithii - Manning, 1977 (Réunion) - Moosa, 1985 : 39 (Réunion, liste).

4. *Hoplosquilloides coronatus* Manning, 1978
   Hoplosquilloides coronatus Manning, 1978 a (Réunion) - Moosa, 1985 : 39 (Réunion, liste).

Famille Odontodactylidae Manning, 1980

5. *Odontodactylus brevirostris* (Miers, 1884)
   Odontodactylus brevirostris - Mission Poupin, avril 2008 (détermination d'après photographies de F. Trentin, A. Diringer).

6. *Odontodactylus scyllarus* (Linnaeus, 1758)
   Gonodactylus scyllarus - H. Milne Edwards, 1837 (Maurice). - A. Milne-Edwards, 1862, annexe F : 16 (Réunion, coll. L. Maillard). - *Odontodactylus scyllarus* - Moosa, 1985 : 38, 39 (Maurice, liste et coll. ISTPM, Le Port et *Marion-Dufresne*, MD32, 27/08/1982, 58-72 m, MNHN) - Ribes-Beaudemoulin *et al.*, 2002 : 66 (Réunion). - Mission Poupin, avril 2008 (d'après photographie de F. Trentin).

Famille Protosquillidae Manning, 1980

7. *Echinosquilla guerinii* (White, 1861)
   Echinosquilla guerinii - Moosa, 1985 : 38, 39 (Réunion, liste et coll. *Marion-Dufresne*, MD32, 2/09/1982, 45 m, MNHN).

Famille Pseudosquillidae Manning, 1977

8. *Pseudosquilla ciliata* (Fabricius, 1787)
   Squilla stytifera (sic) Lamarck. - H. Milne Edwards, 1837 (Réunion). - A. Milne-Edwards, 1862, annexe F : 16 (Réunion, coll. L. Maillard). - Hoffman, 1874 : 36 (Réunion). - *Pseudosquilla ciliata* - Manning, 1977 : 284 (Réunion). - Moosa, 1985 : 39 (Réunion, liste) - Ahyong, 2001 : 112 (synonymie, distribution).

9. *Raoulserenea ornata* (Miers, 1880)
   Pseudosquilla ornata - Moosa, 1985 : 38, 39 (Réunion, liste et coll. ISTPM, Le Port, MNHN).

Famille Takuidae Manning, 1995

10. *Mesacturoides crinitus* (Manning, 1962)
    Mesacturoides crinitus - Manning, 1978 b (Réunion). - Moosa, 1985 : 39 (Réunion, liste).

Super-famille Lysiosquilloidea Giesbrecht, 1910
Famille Lysiosquillidae Giesbrecht, 1910

11. *Lysiosquillina maculata* (Fabricius, 1793)
    Lysiosquilla maculata - Manning, 1977 (Réunion, spécimen dans le Muséum de Genève). - Moosa, 1985 : 39 (Réunion, liste). - *Lysiosquillina maculata* - Ahyong, 2001 : 139 (nom valide et distribution).

Super-famille Squilloidea Latreille, 1802
Famille Squillidae Latreille, 1802

12. *Leptosquilla schmeltzii* (A. Milne-Edwards, 1873)
    Leptosquilla schmeltzii - Moosa, 1985 : 38, 39 (Réunion, liste et coll. *Marion-Dufresne*, MD32, 6/09/1982, 45 m, MNHN).

13. *Quollastria striata* (Manning, 1978)
    Oratosquilla striata - Moosa, 1985 : 38 (Réunion, coll. *Marion-Dufresne*, MD32, 2/09/1982, 110 m, MNHN). - *Quollastria striata* - Ahyong, 2001 : 300 (nouveau genre).

Ordre Decapoda Latreille, 1802

Sous-ordre Dendrobranchiata Bate, 1888

Super-famille Penaeoidea Rafinesque, 1815
Famille Aristeidae Wood-Mason, 1891

14. *Aristaeomorpha foliacea* (Risso, 1827)
    Aristaeomorpha foliacea - Crosnier, 1976 : 227 (Réunion, coll. P. Guézé, Le Port 600 m, casier 10/06/1973, MNHN ; espèce signalée de 61-1 300 m). - Crosnier, 1985 : 861 (Réunion, coll. *Marion-Dufresne*, MD32, plusieurs stations en 1982, 450-620 m, MNHN).

15. *Aristeus antennatus* (Risso, 1816)
    Aristeus antennatus - Crosnier, 1976 : 227 (Réunion, coll. P. Guézé, La Possession, casier 150 m, février 1973, MNHN ; espèce connue de 220 à 1 440 m). - Crosnier, 1985 : 862 (Réunion, coll. *Marion-Dufresne*, MD32, plusieurs stations en 1982, 340-620 m, MNHN).

16. *Aristeus virilis* (Bate, 1881)
    Aristeus virilis - Crosnier, 1985 : 861 (Réunion, coll. *Marion-Dufresne*, MD32, st. CP144 en 1982, 605-620 m, MNHN Na6408).

17. *Hemipenaeus carpenteri* Wood-Mason, 1891
    Hemipenaeus carpenteri - Crosnier, 1985 : 862 (Réunion, coll. *Marion-Dufresne*, MD32, st. CP21 en 1982, 4 030 m, MNHN Na6396).

18. *Hepomadus tener* Smith, 1884
    Hepomadus tener - Crosnier, 1985 : 860 (Réunion, coll. *Marion-Dufresne*, MD32, st. CP82 en 1982, 2 550-2 700 m, MNHN Na6398).

19. *Plesiopenaeus armatus* (Bate, 1811)
    Plesiopenaeus armatus - Crosnier, 1985 : 863 (Réunion, coll. *Marion-Dufresne*, MD32, plusieurs stations en 1982, 1 612-4 030 m, MNHN).

Famille Benthesicymidae Wood-Mason, 1891

20. *Benthesicymus altus* Bate, 1881
    Benthesicymus altus - Crosnier, 1985 : 857 (Réunion, coll. *Marion-Dufresne*, MD32, st. CP146 en 1982, 2 830-2 850 m, MNHN Na6390).

21. *Benthesicymus carinatus* Smith, 1884
    Benthesicymus carinatus - Crosnier, 1985 : 849 (Réunion, coll. *Marion-Dufresne*, MD32, st. CP105 en 1982, 1 740-1 850 m, MNHN Na6448).

22. *Benthesicymus investigatoris* Alcock et Anderson, 1899
Benthesicymus investigatoris - Crosnier, 1985 : 857 (Réunion, coll. *Marion-Dufresne*, MD32, plusieurs stations en 1982, 580-1 690 m, MNHN).

23. *Benthesicymus laciniatus* Rathbun, 1906
Benthesicymus laciniatus - Crosnier, 1985 : 852 (Réunion, coll. *Marion-Dufresne*, MD32, plusieurs stations en 1982, 1 880-2 850 m, MNHN).

24. *Benthesicymus urinator* Burkenroad, 1936
Benthesicymus urinator - Pérez Farfante et Kensley, 1997 : 61 (Réunion dans la distribution).

25. *Gennadas capensis* Calman, 1925
Gennadas capensis - Crosnier, 1985 : 860 (Réunion, coll. *Marion-Dufresne*, MD32, st. CP150 en 1982, 3 450-3 520 m, MNHN Na6397).

26. *Gennadas clavicarpus* De Man, 1907
Gennadas clavicarpus - Pérez Farfante et Kensley, 1997 : 66 (Réunion dans la distribution).

Famille Penaeidae Rafinesque, 1815

27. *Marsupenaeus japonicus* (Bate, 1888)
Marsupenaeus japonicus - Pérez Farfante et Kensley, 1997 : 94 (Réunion dans la distribution). - Mission Poupin, avril 2008 (photographies A. Barrère, prov. détermination T.-Y. Chan, d'après photo seulement, *P. japonicus* var. II = *Penaeus pulchricaudatus* Stebbing, 1914).

28. *Melicertus canaliculatus* (Olivier, 1811)
Melicertus canaliculatus - Pérez Farfante et Kensley, 1997 : 101 (Réunion dans la distribution). - Mission Poupin, avril 2008 (MNHN, un spécimen récolté sur la plage ; photographies de L. Bêche, dans un premier temps attribué à *Marsupenaeus japonicus*. Correction de T.-Y. sur la base de la coloration et de la spinulation du telson, sans épines marginales).

29. *Melicertus hathor* Burkenroad, 1959
Melicertus hathor - Pérez Farfante et Kensley, 1997 : 102 (Réunion dans la distribution).

30. *Melicertus marginatus* (Randall, 1840)
Penaeus marginatus - Crosnier, 1976 : 227 (Réunion, coll. P. Guézé, Saint-Paul, casier 120 m, MNHN ; espèce signalée de 60-293 m). - *Melicertus marginatus* - Pérez-Farfante et Kensley, 1997 : 102 (nom valide et distribution).

31. *Metapenaeopsis hilarula* (De Man, 1911)
Metapenaeopsis hilarula - Crosnier, 1991 : 226 (Réunion, coll. *Marion-Dufresne*, MD32, st. CP43 18/08/1982, 73-77 m, MNHN).

32. *Metapenaeopsis scotti* Champion, 1973
Metapenaeopsis scotti - Crosnier, 1985 : 873 (Réunion, coll. *Marion-Dufresne*, MD32, plusieurs stations en 1982, 210-375 m, MNHN). - Crosnier, 1987 : 428 (Réunion, sans doute depuis la campagne Mascareignes III, CH21, 22°21,1'S, 43°06,8'E, 300-350 m, 7/01/1986, MNHN Na10477 ; campagne MD32 non indiquée).

33. *Metapenaeus monoceros* (Fabricius, 1798)
Metapenaeus monoceros - Pérez Farfante et Kensley, 1997 : 112 (Réunion dans la distribution).

34. *Parapenaeus murrayi* Ramadan, 1938
Parapenaeus murrayi - Crosnier, 1985 : 873 (Réunion, coll. *Marion-Dufresne*, MD32, plusieurs stations en 1982, 300-480 m, MNHN).

35. *Penaeopsis eduardoi* Pérez Farfante, 1977
Penaeopsis eduardoi - Crosnier, 1985 : 874 (Réunion, coll. *Marion-Dufresne*, MD32, st. CP60 en 1982, 460-490 m, MNHN).

36. *Penaeus monodon* Fabricius, 1798
Penaeus monodon - Pérez Farfante et Kensley, 1997 : 133 (Réunion dans la distribution).

Famille Solenoceridae Wood-Mason, 1891

37. *Haliporoides sibogae madagascariensis* Crosnier, 1978
Haliporoides sibogae madagascariensis - Crosnier, 1985 : 867 (Réunion, coll. *Marion-Dufresne*, MD32, plusieurs stations en 1982, 450-620 m, MNHN).

38. *Haliporus thetis* Faxon, 1893
Haliporus thetis - Crosnier, 1985 : 863 (Réunion, coll. *Marion-Dufresne*, MD32, st. CP150 5/09/1982, 3 450-3 520 m, MNHN Na6368). - Crosnier, 1988 : 581 (Réunion, même spécimen que Crosnier, 1985).

39. *Hymenopenaeus propinquus* (De Man, 1907)
Hymenopenaeus propinquus - Crosnier, 1976 : 226 (Réunion, coll. P. Guézé, Le Port, casier, profondeur inconnue, MNHN ; espèce connue de 510-1 200 m). - Crosnier, 1985 : 869 (Réunion, coll. *Marion-Dufresne*, MD32, plusieurs stations en 1982, 650-770 m, MNHN).

40. *Solenocera comata* Stebbing, 1915
Solenocera comata - Crosnier, 1985 : 869 (Réunion, coll. *Marion-Dufresne*, MD32, st. DS178 en 1982, 412-460 m, MNHN).

Sous-ordre Pleocyemata Burkenroad, 1963

Infra-ordre Stenopodidea Bate, 1888

Famille Stenopodidae Claus, 1872

41. *Stenopus hispidus* (Olivier, 1811)
Stenopus hispidus - Monod, 1975 : 1005 (Réunion dans le matériel examiné, coll. Y. Plessis). - Ribes-Beaudemoulin *et al.*, 2002 : 82 (Réunion). - Mission Poupin, avril 2008 (observations de nuit et consultation de nombreuses photographies, S. Ribes, F. Trentin, A. Diringer).

42. *Stenopus pyrsonotus* Goy et Devaney, 1980
Stenopus pyrsonotus - Mission Poupin, avril 2008 (Réunion d'après plusieurs photographies, L. Bêche, F. Trentin).

43. *Stenopus tenuirostris* De Man, 1888
Stenopus tenuirostris - Ribes-Beaudemoulin *et al.*, *2002* : 82 (Réunion). - Mission Poupin, avril 2008 (Réunion d'après plusieurs photographies, E. Lancelot).

Infra-ordre Caridea Dana, 1852

Super-famille Oplophoroidea Dana, 1852
Famille Oplophoridae Dana, 1852

44. *Acanthephyra eximia* Smith, 1884
Acanthephyra eximia - Crosnier, 1976 : 229 (Réunion, coll. P. Guézé, Le Port, casier 600 m 10/06/1973, MNHN ; espèce signalée sur des fonds de 200-3 700 m). - Crosnier, 1987 : 697 (Réunion, coll. *Marion-Dufresne* MD32, 720-760 m, MNHN).

45. *Oplophorus spinosus* (Brullé, 1839)
Oplophorus spinosus - Crosnier, 1987 : 699 (Réunion, coll. *Marion-Dufresne*, MD32, 2 550-2 700 m, MNHN).

46. *Oplophorus typus* H. Milne Edwards, 1837
Oplophorus typus - Crosnier, 1976 : 229 (Réunion, coll. P. Guézé, La Possession, 31/12/1973, casier profondeur inconnue, MNHN ; espèce signalée de la surface à 2 400 m).

47. *Systellaspis guillei* Crosnier, 1987
Systellaspis guillei Crosnier, 1987 : 718 (Réunion, coll. *Marion-Dufresne*, MD32, septembre 1982, plusieurs stations, 480-800 m, MNHN).

Super-famille Atyoidea de Haan, 1849
Famille Atyidae de Haan, 1849

48. *Atyoida serrata* (Bate, 1888)
Atyoida serrata - Keith *et al.*, 1999 : 39 (Réunion).

49. *Caridina nilotica* (P. Roux, 1833)
Caridina nilotica - Keith *et al.*, 1999 : 42 (Réunion).

50. *Caridina serratirostris* De Man, 1892
Caridina serratirostris - Keith *et al.*, 1999 : 44 (Réunion).

51. *Caridina typus* H. Milne Edwards, 1837
Caridina typus - Keith *et al.*, 1999 : 46 (Réunion).

Super-famille Nematocarcinoidea Smith, 1884
Famille Nematocarcinidae Smith, 1884

52. *Nematocarcinus gracilis* Bate, 1888
Nematocarcinus gracilis - Crosnier, 1976 : 229 (Réunion, coll. P. Guézé, profondeur inconnue, casier, MHNH).

Famille Rhynchocinetidae Ortmann, 1890

53. *Cinetorhynchus concolor* (Okuno, 1994)
Cinetorhynchus concolor - Ribes-Beaudemoulin *et al.*, 2002 : 62 (Réunion). - Mission Poupin, avril 2008 (d'après photographies de L. Bêche).

54. *Cinetorhynchus hiatti* (Holthuis et Hayashi, 1967)
Rhynchocinetes hiatti - Monod, 1975 : 1005 (Réunion dans le matériel examiné). - *Cinetorhynchus hiatti* - Okuno, 1997 : 40 (nouveau genre, distribution).

55. *Cinetorhynchus reticulatus* Okuno, 1997
Cinetorhynchus reticulatus - Photographie A. Diringer, mai 2009 (suite mission Poupin, avril 2008).

56. *Rhynchocinetes durbanensis* Gordon, 1936
Rhynchocinetes durbanensis - Ribes-Beaudemoulin *et al., 2002* : 82 (Réunion). - Mission Poupin, avril 2008 (d'après photographies de F. Trentin).

57. *Rhynchocinetes rugulosus* Stimpson, 1860
Rhynchocinetes rugulosus - Ribes, 1978 (Réunion).

Super-famille Palaemonoidea Rafinesque, 1815
Famille Gnathophyllidae Dana, 1852

58. *Gnathophyllum americanum* Guérin-Méneville, 1855
Gnathophyllum americanum - Ribes, 1978 (Réunion). - Ribes-Beaudemoulin *et al.*, 2002 : 72 (Réunion). - Mission Poupin, avril 2008 (d'après photographie de S. Ribes).

Famille Hymenoceridae Ortmann, 1890

59. *Hymenocera elegans* Heller, 1861
Hymenocera elegans - Mission Poupin, avril 2008 (d'après photographies, L. Bêche, A. Diringer). Selon Debelius (2001) *Hymenocera picta* Dana, 1852, parfois considérée comme un synonyme d'*H. elegans*, est une espèce distincte à taches cerclées de rouge (au lieu de bleu chez *H. elegans*), cantonnée au Pacifique central et oriental.

Famille Palaemonidae Rafinesque, 1815

60. *Brachycarpus biunguiculatus* (Lucas, 1846)
Brachycarpus biunguiculatus Li et Bruce, 2006 : 618 (Réunion dans le matériel examiné, coll. *Marion-Dufresne*, MD32, st. CP97, 55 m, débris coralliens, 28 août 1982, 1 mâle, 1 femelle, MNHN Na14942).

61. *Coralliocaris graminea* (Dana, 1852)
Coralliocaris graminea - Ribes, 1978 (Réunion).

62. *Coralliocaris nudirostris* (Heller, 1861)
Coralliocaris nudirostris - Ribes, 1978 (Réunion). - Bruce, 1983 : 165 (Réunion, mêmes spécimens que Ribes).

63. *Coralliocaris superba* (Dana, 1852)
Coralliocaris superba - Ribes, 1978 (Réunion). - Bruce, 1983 : 165 (Réunion, mêmes spécimens que Ribes).

64. *Coralliocaris venusta* Kemp, 1922
Coralliocaris venusta - Ribes, 1978 (Réunion). - Bruce, 1983 : 165 (Réunion, mêmes spécimens que Ribes).

65. *Coralliocaris viridis* Bruce, 1974
Coralliocaris viridis - Ribes, 1978 (Réunion). - Bruce, 1983 : 165 (Réunion, mêmes spécimens que Ribes).

66. *Cuapetes nilandensis* (Borradaile, 1915)
Kemponia nilandensis - Li et Bruce, 2006 : 647 (Réunion dans le matériel examiné, coll. *Marion-Dufresne*, MD32, st. CP43, 73-77 m, fonds coquilliers basaltiques, 27 août 1982, MNHN Na14918).

67. *Cuapetes tenuipes* (Borradaile, 1898)
Periclimenes tenuipes - Ribes-Beaudemoulin *et al., 2002* : 74 (Réunion). - *Kemponia tenuipes* - Li et Bruce, 2006 : 650 (synonymie, distribution).

68. *Fennera chacei* Holthuis, 1951
Fennera chacei - Ribes, 1978 (Réunion). - Bruce, 1983 : 165 (Réunion, mêmes spécimens que Ribes).

69. *Hamodactyloides incompletus* (Holthuis, 1958)
Hamodactyloides incompletus - Bruce, 1983 : 166 (Réunion, coll. S. Ribes).

70. *Harpiliopsis beaupresii* (Audouin, 1852)
Harpiliopsis beaupresii - Ribes, 1978 (Réunion). - Bruce, 1983 : 166 (Réunion, mêmes spécimens que Ribes). - Li et Bruce, 2006 : 635 (Réunion dans le matériel examiné, coll. S. Ribes, 1 juvénile MNHN Na14818).

71. *Harpiliopsis depressa* (Stimpson, 1860)
Harpiliopsis depressa - Ribes, 1978 (Réunion). - Bruce, 1983 : 166 (Réunion, mêmes spécimens que Ribes).

72. *Harpiliopsis spinigera* (Ortmann, 1870)
Harpiliopsis spinigera - Bruce, 1983 : 166 (Réunion, d'après des récoltes de Ribes).

73. *Harpilius consobrinus* De Man, 1902
Periclimenes consobrinus - Ribes, 1978 (Réunion). - Bruce, 1983 : 165 (Réunion, mêmes spécimens que Ribes). - *Harpilius consobrinus* - Bruce, 2004 : 6 (retour au classement générique de De Man).

74. *Harpilius lutescens* Dana, 1852
Harpilius lutescens - Bruce, 2004 : 6 (Réunion dans la distribution).

75. *Ischnopontonia lophos* (Barnard, 1962)
Ischnopontonia lophos - Ribes, 1978 (Réunion). - Bruce, 1983 : 165 (Réunion, mêmes spécimens que Ribes).

76. *Jocaste japonica* (Ortmann, 1890)
Jocaste japonica - Ribes, 1978 (Réunion). - Bruce, 1983 : 165 (Réunion, mêmes spécimens que Ribes).

77. *Jocaste lucina* (Nobili, 1901)
Jocaste lucina - Ribes, 1978 (Réunion). - Bruce, 1983 : 165 (Réunion, mêmes spécimens que Ribes).

78. *Leander tenuicornis* (Say, 1818)
Palaemon natator - A. Milne-Edwards, 1862, annexe F : 16 (Réunion, coll. L. Maillard). - *Leander tenuicornis* - Chace et Bruce, 1993 : 6 (synonymie, distribution).

79. *Macrobrachium australe* (Guérin et Méneville, 1838)
Palaemon alphonsianus Hoffman, 1874 : 33, pl. ix, fig. 63-65 (Réunion). - *Macrobrachium australe* - Holthuis, 1980 : 87 (synonymie). - Keith *et al.*, 1999 : 50 (Réunion, distribution).

80. *Macrobrachium hirtimanus* (Olivier, 1811)
Palaemon hirtimanus - A. Milne-Edwards, 1862, annexe F : 16 (Réunion, coll. L. Maillard). - *Macrobrachium hirtimanus* - Keith *et al.*, 1999 : 52 (Réunion, distribution).

81. *Macrobrachium lar* (Fabricius, 1798)
Palaemon reunionnensis Hoffman, 1874 : 38, pl. ix, fig. 66-67 (Réunion). - *Palaemon longimanus* Hoffman, 1874 : 34, pl. ix, fig. 68-69 (Réunion). - *Macrobrachium lar* - Holthuis, 1980 : 96 (synonymie). - Keith *et al.*, 1999 : 54 (Réunion).

82. *Macrobrachium lepidactylus* (Hilgendorf, 1879)
Macrobrachium lepidactylus - Keith *et al.*, 1999 : 56 (Réunion).

83. *Mesopontonia brevicarpus* Li et Bruce, 2006
Mesopontonia brevicarpus Li et Bruce, 2006 : 652 (Réunion pour la localité type, coll. *Marion-Dufresne*, MD32, st. DS173, 270 m, 8 septembre 1982, MNHN Na14824).

84. *Metapontonia fungiacola* Bruce, 1967
Metapontonia fungiacola - Ribes, 1978 (Réunion). - Bruce, 1983 : 165 (Réunion, mêmes spécimens que Ribes). - Li, comm. pers. (Réunion, coll. Marion Dufresne, 55 m, 28 août 1982, 1 femelle ovigère, MNHN Na 15938).

85. *Onycocaridella monodoa* (Fujino et Miyake, 1969)
Onycocaridella monodoa - Bruce, 1983 : 165 (Réunion, coll. S. Ribes).

86. *Onycocaris aualitica* (Nobili, 1904)
Onycocaris aualitica - Bruce, 1983 : 165 (Réunion, coll. S. Ribes). - Li, comm. pers. (Réunion, coll. Marion Dufresne, 55 m, 28 août 1982, 1 femelle ovigère, MNHN Na 15938).

87. *Onycocaris furculata* Bruce, 1979
Onycocaris furculata Bruce, 1979 : 324 (Réunion, localité type, probablement dans une éponge à la base d'un corail *Acropora*, 20 m). - Bruce, 1983 : 165 (Réunion, mêmes spécimens).

88. *Palaemon concinnus* Dana, 1852
Palaemon concinnus - Keith *et al.*, 1999 : 48 (Réunion).

89. *Palaemonella lata* Kemp, 1922
Palaemonella lata - Ribes, 1978 (Réunion) - Bruce, 1983 : 165 (Réunion, mêmes spécimens que Ribes).

90. *Palaemonella spinulata* Yokoya, 1936
Palaemonella spinulata - Ribes, 1978 (Réunion). - Bruce, 1978 : 209 (Réunion, 40 m). - Bruce, 1983 : 165 (Réunion, mêmes spécimens que Ribes).

91. *Palaemonella tenuipes* Dana, 1852
Palaemonella tenuipes - Ribes, 1978 (Réunion). - Bruce, 1983 : 165 (Réunion, mêmes spécimens que Ribes).

92. *Paratypton siebenrocki* Balss, 1914
Paratypton siebenrocki - Ribes, 1978 (Réunion). - Bruce, 1980 : 237. - Bruce, 1983 : 165 : (Réunion, mêmes spécimens que Ribes).

93. *Periclimenaeus hecate* (Nobili, 1904)
Periclimenaeus hecate - Ribes, 1978 (Réunion). - Bruce, 1983 : 165 (Réunion, mêmes spécimens que Ribes).

94. *Periclimenaeus nobilii* Bruce, 1975
Periclimenaeus nobilii - Ribes, 1978 (Réunion). - Bruce, 1983 : 165 (Réunion, mêmes spécimens que Ribes).

95. *Periclimenaeus quadridentatus* (Rathbun, 1906)
Periclimenaeus quadridentatus - Ribes, 1978 (Réunion). - Bruce, 1983 : 165 (Réunion, mêmes spécimens que Ribes).

96. *Periclimenella spinifera* (De Man, 1902)
Periclimenes spiniferus - Ribes, 1978 (Réunion). - Bruce, 1983 : 165 (Réunion, mêmes spécimens que Ribes).

97. *Periclimenes albolineatus* Bruce et Coombes, 1997
Periclimenes albolineatus - Ribes-Beaudemoulin *et al., 2002* : 76 (Réunion).

98. *Periclimenes brevicarpalis* (Schenkel, 1902)
Periclimenes brevicarpalis - Ribes-Beaudemoulin *et al., 2002* : 74 (Réunion). - Mission Poupin, avril 2008 (d'après photographies, E. Lancelot, L. Bêche, F. Trentin).

99. *Periclimenes diversipes* Kemp, 1922
Periclimenes diversipes - Ribes, 1978 (Réunion) - Bruce, 1983 : 165 (Réunion, mêmes spécimens que Ribes).

100. *Periclimenes gonioporae* Bruce, 1989
Periclimenes gonioporae - Ribes, 1978 (Réunion). - Bruce, 1983 : 165 (Réunion, *nomen nudum*, mêmes spécimens que Ribes, avec la mention « in press »).

101. *Periclimenes imperator* Bruce, 1967
Periclimenes imperator - Ribes-Beaudemoulin *et al., 2002* : 72 (Réunion). - Mission Poupin, avril 2008 (d'après photographies L. Bêche, E. Lancelot).

102. *Periclimenes inornatus* Kemp, 1922
Periclimenes inornatus - Ribes-Beaudemoulin *et al., 2002* : 76 (Réunion).

103. *Periclimenes involens* Bruce 1996
Periclimenes involens - Li et Bruce, 2006 : 696 (Réunion dans le matériel examiné, coll. *Marion-Dufresne*, MD32, st. CP55, 97-110 m, 22 août 1982, 1 femelle ovigère MNHN Na14912).

104. *Periclimenes madreporae* Bruce, 1969
Periclimenes madreporae - Ribes, 1978 (Réunion). - Bruce, 1983 : 165 (Réunion, mêmes spécimens que Ribes).

105. *Periclimenes soror* Nobili, 1904
Periclimenes soror - Ribes-Beaudemoulin *et al.*, 2002 : 86 (Réunion). - Mission Poupin, avril 2008 (d'après photographie d'E. Lancelot).

106. *Philarius gerlachei* (Nobili, 1905)
Philarius gerlachei - Ribes, 1978 (Réunion). - Bruce, 1983 : 165 (Réunion, mêmes spécimens que Ribes).

107. *Philarius imperialis* (Kubo, 1940)
Philarius imperialis - Ribes, 1978 (Réunion). - Bruce, 1983 : 165 (Réunion, mêmes spécimens que Ribes).

108. *Platycaris latirostris* Holthuis, 1952
Platycaris latirostris - Ribes, 1978 (Réunion). - Bruce, 1983 : 165 (Réunion, mêmes spécimens que Ribes).

109. *Pontonides ankeri* Marin, 2007
Pontonides unciger - Ribes-Beaudemoulin *et al.*, 2002 : 78 (Réunion), probablement non *Pontonides unciger* Calman, 1939, sur la base de la coloration. - *Pontonides ankeri* - Mission Poupin, avril 2008 (dans un premier temps identifié à *P. unciger*, re-déterminé A. Anker, Y. Marin, d'après photographies, F. Trentin, L. Bêche, A. Diringer).

110. *Pontonides loalata* Bruce, 2005
Pontonides loalata - Suite mission Poupin, avril 2008 (photographie A. Diringer, détermination. Y. Marin d'après photographie).

111. *Stegopontonia commensalis* Nobili, 1906
Stegopontonia commensalis - Mission Poupin, avril 2008 (photographie A. Diringer)

112. *Typton wasini* Bruce, 1977
Typton wasini - Bruce, 1983 : 165 (Réunion, coll. S. Ribes).

113. *Urocaridella antonbruunii* (Bruce, 1967)
Urocaridella antonbruunii - Li et Bruce, 2006 : 621 (Réunion dans le matériel examiné, coll. *Marion-Dufresne*, MD32, st. CA88, 55-60 m, 28 août 1982, 1 mâle, MNHN Na14933).

Super-famille Alpheoidea Rafinesque, 1815
Famille Alpheidae Rafinesque, 1815

114. *Alpheopsis equalis* Coutière, 1896
Alpheopsis equalis - Ribes, 1978 (Réunion). - Banner et Banner, 1983 : 11 (Réunion, platier récifal à 150 m), 148 (1 sp. 50-70 m).

115. *Alpheopsis trispinosus* (Stimpson, 1860)
Alpheopsis trispinosus - Banner et Banner, 1983 : 148 (Réunion, 302 m).

116. *Alpheus alcyone* De Man, 1902
Alpheus alcyone - Banner et Banner, 1983 : 12 (Réunion dans le matériel examiné).

117. *Alpheus amirantei* Coutière, 1908
Alpheus amirantei - Banner et Banner, 1983 : 13 (Réunion dans le matériel examiné), 148 (Réunion, 58-70 m).

118. *Alpheus architectus* De Man, 1897
Alpheus architectus - Banner et Banner, 1983 : 13 (Réunion dans le matériel examiné).

119. *Alpheus bradypus* Coutière, 1905
Alpheus bradypus - Banner et Banner, 1983 : 18 (Réunion dans le matériel examiné).

120. *Alpheus bucephalus* Coutière, 1905
Alpheus bucephalus - Ribes, 1978 (Réunion). - Banner et Banner, 1983 : 19 (Réunion dans le matériel examiné).

121. *Alpheus clypeatus* Coutière, 1905
Alpheus clypeatus - Ribes, 1978 (Réunion). - Banner et Banner, 1983 : 23 (Réunion d'après Ribes).

122. *Alpheus collumianus* Stimpson, 1861
Alpheus collumianus medius - Ribes, 1978 (Réunion). - *Alpheus collumianus* - Banner et Banner, 1983 : 25, 148 (Réunion dans le matériel examiné, 55 m).

123. *Alpheus compressus* Banner et Banner, 1981
Alpheus compressus - Banner et Banner, 148 (Réunion, 280-340 m).

124. *Alpheus crokeri* (Armstrong, 1941)
Alpheus crokeri - Ribes, 1978 (Réunion). - Banner et Banner, 1983 : 27 (Réunion dans le matériel examiné).

125. *Alpheus diadema* Dana, 1852
Alpheus diadema - Banner et Banner, 1983 : 28 (Réunion dans le matériel examiné).

126. *Alpheus dolerus* Banner, 1956
Alpheus dolerus - Banner et Banner, 1983 : 148 (Réunion, 45 m).

127. *Alpheus edamensis* De Man, 1888
Alpheus edamensis - Banner et Banner, 1983 : 29 (Réunion dans le matériel examiné).

128. *Alpheus frontalis* H. Milne Edwards, 1837
Alpheus frontalis - Ribes, 1978 (Réunion). - Banner et Banner, 1983 : 30, 149 (Réunion dans le matériel examiné, 55 m).

129. *Alpheus gracilipes* Stimpson, 1861
Alpheus gracilipes - Ribes, 1978 (Réunion). - Banner et Banner, 1983 : 32 (Réunion dans le matériel examiné).

130. *Alpheus gracilis* Heller, 1861
Alpheus gracilis simplex - Ribes, 1978 (Réunion). - *Alpheus gracilis* - Banner et Banner, 1983 : 32 (Réunion dans le matériel examiné, synonymie).

131. *Alpheus hailstonei* Coutière, 1905
Alpheus hailstonei - Ribes, 1978 (Réunion). - Banner et Banner, 1983 : 34 (Réunion d'après Ribes), 149 (Réunion, 225-227 m).

132. *Alpheus leptochirus* Coutière, 1905
Alpheus leptochirus - Ribes, 1978 (Réunion). - Banner et Banner, 1983 : 35 (Réunion d'après Ribes).

133. *Alpheus leviusculus leviusculus* Dana, 1852
Alpheus leviusculus leviusculus - Banner et Banner, 1983 : 36 (Réunion dans le matériel examiné).

- Mission Poupin, avril 2008 (d'après photographie d'A. Diringer).

134. *Alpheus lottini* Guérin-Méneville, 1829
Alpheus ventrosus - A. Milne-Edwards, 1862, annexe F : 16 (Réunion, coll. L. Maillard). - *Alpheus lottini* - Ribes, 1978 (Réunion). - Banner et Banner, 1983 : 41 (synonymie, Réunion dans le matériel examiné), 149 (Réunion, 55 m et à basse mer). - Mission Poupin, avril 2008 (d'après photographie de P. Durville).

135. *Alpheus malleodigitus* Bate, 1888
Alpheus malleodigitus - Banner et Banner, 1983 : 44 (Réunion dans le matériel examiné).

136. *Alpheus microstylus* (Bate, 1888)
Alpheus microstylus - Banner et Banner, 1983 : 45 (Réunion dans le matériel examiné).

137. *Alpheus nonalter* Kensley, 1969
Alpheus nonalter - Banner et Banner, 1983 : 149 (Réunion, 290-352 m).

138. *Alpheus obesomanus* Dana, 1852
Alpheus obesomanus - Ribes, 1978 (Réunion). - Banner et Banner, 1983 : 50 (Réunion pour les spécimens examinés), 149 (Réunion, 2-5 m). - Mission Poupin, avril 2008 (d'après photographies du programme Biotas).

139. *Alpheus pachychirus* Stimpson, 1861
Alpheus pachychirus - Banner et Banner, 1983 : 54 (Réunion dans le matériel examiné), 149 (Réunion, basse mer).

140. *Alpheus pacificus* Dana, 1852
Alpheus pacificus - Banner et Banner, 1983 : 149 (Réunion, basse mer).

141. *Alpheus paracrinitus* Miers, 1881
Alpheus paracrinitus - Ribes, 1978 (Réunion). - Banner et Banner, 1983 : 55 (Réunion dans le matériel examiné), 149 (Réunion, 55-70 m).

142. *Alpheus paralcyone* Coutière, 1905
Alpheus paralcyone - Banner et Banner, 1983 : 57 (Réunion dans le matériel examiné), 149 (Réunion, 58-70 m).

143. *Alpheus parvirostris* Dana, 1852
Alpheus parvirostris - Ribes, 1978 (Réunion). - Banner et Banner, 1983 : 60, 150 (Réunion dans le matériel examiné, à basse mer et entre 2-5 m).

144. *Alpheus* aff. *randalli* Banner et Banner, 1980
Alpheus aff. *randalli* - Mission Poupin, avril 2008 (photographie A. Diringer). Selon A. Anker, *comm. pers.* ce n'est pas *A. randalli.*

145. *Alpheus rubromaculatus*
(*nomen nudum*, Karplus *et al.*, 1981)
Alpheus rubromaculatus - Ribes-Beaudemoulin *et al., 2002* : 72 (Réunion)

146. *Alpheus sizou* Banner et Banner, 1967
Alpheus amirentei sizou - Ribes, 1978 (Réunion). - Banner et Banner, 1983 : 13 (Réunion dans le matériel examiné).

147. *Alpheus spongiarum* Coutière, 1897
Alpheus spongiarum - Ribes, 1978 (Réunion). - Banner et Banner, 1983 : 64 (Réunion, d'après le travail de Ribes), 150 (Réunion, 73-77 m).

148. *Alpheus staphylinus* Coutière, 1908
Alpheus staphylinus - Banner et Banner, 1983 : 150 (Réunion, 55 m).

149. *Alpheus styliceps* Coutière, 1905
Alpheus eulimene - Ribes, 1978 (Réunion). - *Alpheus styliceps* - Banner et Banner, 1983 : 70 (Réunion dans le matériel examiné et synonymie avec *A. eulimene* De Man, 1909), 150 (Réunion, 55-80 m).

150. *Alpheus superciliaris* Coutière, 1905
Alpheus superciliaris - Ribes, 1978 (Réunion). - Banner et Banner, 1983 : 71 (Réunion d'après le travail de Ribes).

151. *Alpheus tenuicarpus* De Man, 1908
Alpheus tenuicarpus - Banner et Banner, 1983 : 150 (Réunion, 45 m).

152. *Alpheus villosus* (Olivier, 1811)
Alpheus villosus - A. Milne-Edwards, 1862, annexe F : 16 (Réunion, coll. L. Maillard).

153. *Arete dorsalis* Stimpson, 1860
Athanas dorsalis - Banner et Banner, 1983 : 150 (Réunion, basse mer). - *Arete dorsalis* - Anker, 2001, fasc. 2 : 241 (classement générique et distribution).

154. *Arete indicus* Coutière, 1903
Athanas indicus - Ribes, 1978 (Réunion). - Banner et Banner, 1983 : 78 (Réunion dans le matériel examiné), 150 (Réunion, basse mer). - *Arete indicus* - Anker, 2001, fasc. 2 : 242 (classement générique et distribution).

155. *Athanas areteformis* Coutière, 1903
Athanas areteformis - Ribes, 1978 (Réunion). - Banner et Banner, 1983 : 73 (Réunion dans le matériel examiné).

156. *Athanas borradailei* (Coutière, 1903)
Athanas polynesia - Ribes, 1978 (Réunion). - *Athanas borradailei* - Ribes, 1978 (Réunion). - Banner et Banner, 1983 : 73 (Réunion dans le matériel examiné, synonymie précisée avec *Athanas polynesia*).

157. *Athanas dimorphus* Ortmann, 1894
Athanas dimorphus - Banner et Banner, 1983 : 76 (Réunion dans le matériel examiné).

158. *Athanas djiboutensis* Coutière, 1897
Athanas djiboutensis - Ribes, 1978 (Réunion). - Banner et Banner, 1983 : 77 (Réunion dans le matériel examiné), 150 (Réunion, basse mer).

159. *Athanas marshallensis* Chace, 1955
Athanas marshallensis et/ou *Athanas rhothionastes* - Banner et Banner, 1983 : 78 (Réunion dans le matériel examiné, indication que ce peut être aussi *A. rhothionastes* Banner et Banner, 1960 en indiquant que « *However, we have a serious doubt about the separation of the two forms as distinct species* »), 151 (Réunion, basse mer, Saint-Gilles, « *in no way have we resolved the question of the validity of* A. rhothionastes *as a separate species* »).

160. *Athanas phyllocheles* Banner et Banner, 1983
Athanas phyllocheles Banner et Banner, 1983 : 152 (Réunion, 450 m).

161. *Automate anacanthopus* De Man, 1910
Automate anacanthopus - Banner et Banner, 1983 : 158 (Réunion, 55 m).

162. *Automate dolichognatha* De Man, 1888
Automate dolichognatha - Banner et Banner, 1983 : 82 (Réunion dans le matériel examiné).

163. *Metalpheus paragracilis* (Coutière, 1897)
Metalpheus paragracilis - Ribes, 1978 (Réunion). - Banner et Banner, 1983 : 85 (Réunion dans le matériel examiné), 158 (Réunion, basse mer).

164. *Metalpheus rostratipes* (Pocock, 1890)
Metalpheus rostratipes - Ribes, 1978 (Réunion). - Banner et Banner, 1983 : 86 (Réunion dans le matériel examiné), 158 (Réunion, basse mer).

165. *Racilius compresssus* Paulson 1875
Racilius compresssus - Ribes, 1978 (Réunion). - Banner et Banner, 1983 : 87 (d'après Ribes ; espèce récoltée dans les coraux *Galaxea* spp.).

166. *Synalpheus albatrossi* Coutière, 1909
Synalpheus albatrossi - Banner et Banner, 1983 : 89 (Réunion dans le matériel examiné).

167. *Synalpheus bituberculatus* De Man, 1910
Synalpheus bituberculatus - Ribes, 1978 (Réunion). - Banner et Banner, 1983 : 90 (Réunion d'après Ribes).

168. *Synalpheus charon* (Heller, 1861)
Synalpheus charon - Ribes, 1978 (Réunion). - Banner et Banner, 1983 : 90, 158 (Réunion dans le matériel examiné, basse mer).

169. *Synalpheus coutierei* Banner, 1953
Synalpheus coutierei - Banner et Banner, 1983 : 91 (Réunion dans le matériel examiné), 158 (Réunion, 55-73 m).

170. *Synalpheus gracilirostris* De Man, 1910
Synalpheus gracilirostris - Ribes, 1978 (Réunion). - Banner et Banner, 1983 : 99 (Réunion d'après Ribes)

171. *Synalpheus hastilicrassus* Coutière, 1905
Synalpheus hastilicrassus - Banner et Banner, 1983 : 99 (Réunion dans le matériel examiné), 158 (Réunion, 73-77 m).

172. *Synalpheus neomeris* (De Man, 1917)
Synalpheus neomeris - Banner et Banner, 1983 : 159 (Réunion, 70-90 m).

173. *Synalpheus neptunus* Dana, 1852
Synalpheus neptunus neptunus - Banner et Banner, 1983 : 101 (Réunion d'après Ribes seulement, sans que cette espèce n'ait été retrouvée dans le travail de Ribes ; elle ne figure pas non plus dans la liste Bourmaud).

174. *Synalpheus pachymeris* Coutière, 1905
Synalpheus pachymeris - Banner et Banner, 1983 : 102 (Réunion dans le matériel examiné), 159 (Réunion, 50-60 m).

175. *Synalpheus paraneomeris* Coutière, 1905
Synalpheus paraneomeris - Banner et Banner, 1983 : 159 (Réunion, basse mer).

176. *Synalpheus pescadorensis* Coutière, 1905
Synalpheus pescadorensis - Ribes, 1978 (Réunion). - Banner et Banner, 1983 : 105, 159 (Réunion dans le matériel examiné, 58-83 m).

177. *Synalpheus stimpsonii* (De Man, 1888)
Synalpheus stimpsonii - Ribes, 1978 (Réunion). - Banner et Banner, 1983 : 106 (Réunion d'après Ribes).

178. *Synalpheus tumidomanus tumidomanus* (Paulson, 1875)
Synalpheus tumidomanus - Ribes, 1978 (Réunion). - Banner et Banner, 1983 : 107 (Réunion dans le matériel examiné).

Famille Hippolytidae Bate, 1888

179. *Ligur ensiferus* (Risso, 1816)
Ligur ensiferus - Crosnier, 1976 : 231 (Réunion, coll. P. Guézé, Saint-Paul, casier 420 m, 1/03/1973, MNHN).

180. *Lysmata amboinensis* (De Man, 1888)
Lysmata amboinensis - Ribes, 1978 (Réunion). - Ribes-Beaudemoulin *et al., 2002* : 82 (Réunion). - Mission Poupin, avril 2008 (d'après photographie, E. Lancelot).

181. *Saron mamoratus* (Olivier, 1811)
Saron mamoratus - Monod, 1975 : 1005 (Réunion dans le matériel examiné, coll. Y. Plessis). - Ribes, 1978 (Réunion). - Mission Poupin, avril 2008 (d'après photographies S. Ribes, F. Trentin).

182. *Saron neglectus* De Man, 1902
Saron neglectus - Ribes, 1978 (Réunion).

183. *Thor amboinensis* (De Man, 1888)
Thor amboinensis - Ribes, 1978 (Réunion). - Ribes-Beaudemoulin *et al.*, 2002 : 74 (Réunion). - Mission Poupin, avril 2008 (d'après photographie, A. Diringer, E. Lancelot).

184. *Thor spinosus* Boone, 1935
Thor spinosus - Ribes, 1978 (Réunion).

185. *Thorina maldivensis* (Borradaile, 1915)
Thor maldivensis - Ribes, 1978 (Réunion). - *Thorina maldivensis* - Bruce, 1997 : 14 (nouveau classement générique, nombreuses localités dans l'Indo-ouest Pacifique, mais ne cite pas la Réunion).

Super-famille Pandaloidea Haworth, 1825
Famille Pandalidae Haworth, 1825

186. *Heterocarpus ensifer* A. Milne-Edwards, 1881
Heterocarpus ensifer - Crosnier, 1976 : 232 (Réunion, coll. P. Guézé, Le Port, casier 350 m, 12/11/1972, MNHN). - Crosnier, 1988 : 67 (Réunion, coll. *Marion-Dufresne*, MD32, plusieurs stations, 300-710 m, MNHN).

187. *Heterocarpus laevigatus* Bate, 1888
Heterocarpus laevigatus - Crosnier, 1976 : 234 (Réunion, coll. P. Guézé, Le Port, casier 500-630 m, MNHN). - Crosnier, 1988 : 74 (Réunion, coll. *Marion-Dufresne*, MD32, plusieurs stations, 580-955 m, MNHN). - Coll. Programme Arvam, septembre 2008 (A. Barrère, J.-P. Quod), pêche au casier à la Réunion 150-400 m, détermination J. Poupin (suite mission Poupin, avril 2008).

188. *Heterocarpus lepidus* de Man, 1917
Heterocarpus tricarinatus - Crosnier, 1976 : 234 (Réunion, coll. P. Guézé, Le Port, casier 500-570 m, MNHN ; non *H. tricarinatus* Alcock et Anderson, 1894). - *Heterocarpus lepidus* - Crosnier, 1988 : 75 (Réunion, mêmes spécimens que Guézé, plus des spécimens coll. *Marion-Dufresne*, MD32, plusieurs stations, 450-937 m, MNHN).

189. *Miropandalus hardingi* Bruce, 1983
Miropandalus hardingi - Réunion, photo A. Diringer, détermination J. Poupin, confirmée par A. J. Bruce (suite mission Poupin, avril 2008).

190. *Plesionika crosnieri* Chan et Yu, 1991
Plesionika longirostris - Crosnier, 1976 : 234 (Réunion, coll. P. Guézé, Le Port 12/11/1972, casier 250-350 m ; en partie seulement, certains spécimens sont des *Plesionika edwardsii*). - *Plesionika crosnieri* Chan et Yu, 1991 : 546 (Réunion, synonymie, distribution, ré-examen des spécimens de Guézé au MNHN et identification d'une espèce nouvelle mélangée avec *P. edwardsii*).

191. *Plesionika edwardsii* (Brandt, 1851)
Plesionika longirostris - Crosnier, 1976 : 234 (Réunion, coll. P. Guézé, Le Port 12/11/1972, casier 250-350 m ; en partie seulement, certains spécimens sont des *Plesionika crosnieri*). - *Plesionika edwardsii* - Chan et Yu, 1991 : 550 (synonymie, distribution, ré-examen des spécimens de Guézé au MNHN).

192. *Plesionika martia* (A. Milne-Edwards, 1883)
Plesionika martia - Crosnier, 1976 : 235 (Réunion, coll. P. Guézé, Le Port, casier profondeur inconnue, MNHN).

193. *Plesionika narval* (Fabricius, 1787)
Parapandalus narval - Crosnier, 1976 : 235 (Réunion, coll. P. Guézé, 12/11/1972, La Possession, casier 150 m, Le Port, casier 150-200 m, MNHN). - *Plesionika narval* - Chan et Crosnier, 1991 : 443 (Réunion, spécimens de Guézé, synonymie, distribution).

Super-famille Crangonoidea Haworth, 1825
Famille Crangonidae Haworth, 1825

194. *Parapontophilus longirostris* Komai, 2008
Parapontophilus longirostris Komai, 2008 : 305 (Réunion dans le matériel examiné, coll. *Marion-Dufresne*, MD32, st. DS139, CP140, octobre 1982, 1 575-1 680 m, MNHN Na16215, 16216).

195. *Parapontophilus juxta* Komai, 2008
Parapontophilus juxta Komai, 2008 : 315 (Réunion dans le matériel examiné, coll. *Marion-Dufresne*, MD32, octobre 1982, st. DS178, DS142, 412-675 m, MNHN Na16073, 16074a, 16074b).

Infra-ordre Astacidea Latreille, 1802

Super-famille Enoplometopoidea de Saint Laurent, 1988
Famille Enoplometopidea de Saint Laurent, 1988

196. *Enoplometopus holthuisi* Gordon, 1968
Enoplometopus holthuisi - Monod, 1975 : 1007 (Réunion dans le matériel examiné, coll. Y. Plessis). - Poupin, 2003 : 652 (Réunion dans la matériel examiné, spécimen de Monod, MNHN As271).

197. *Enoplometopus occidentalis* (Randall, 1840)
Enoplometopus occidentalis - Monod, 1975 : 1007 (Réunion dans le matériel examiné, coll. Y. Plessis). - Crosnier, 1976 : 237 (Réunion, coll. P. Guézé, filet 100 m). - Poupin, 2003 : 658 (Réunion dans le matériel examiné, spécimen de Monod, MNHN As272). - Mission Poupin, avril 2008 (d'après photographies).

198. *Enoplometopus pictus* A. Milne-Edwards, 1862
Enoplometopus pictus A. Milne-Edwards, 1862, annexe F : 15, pl. XIX, fig. 1, 1a-c (localité type, île Bourbon = Réunion, coll. L. Maillard). - Poupin, 2003 : 659 (Réunion dans le matériel examiné, type de Milne-Edwards, MNHN As182, statut taxonomique incertain, pourrait être un synonyme d'*E. occidentalis*).

Infra-ordre Axiidea de Saint Laurent, 1979

Famille Strahlaxiidae Poore, 1994

199. *Neaxius acanthus* (A. Milne-Edwards, 1878)
Neaxius acanthus - Photographie A. Diringer, mai 2009, détermination P. Dworschak « *most probably this species* » (suite mission Poupin, avril 2008).

Infra-ordre Achelata Scholtz et Richter, 1995

Famille Palinuridae Latreille, 1802

200. *Justitia japonica* (Kubo, 1955)
Justitia japonica - Crosnier, 1976 : 237 (Réunion, coll. P. Guézé, Le Port, casier 200-340 m, MHNH). - Poupin, 1994 : 42 (Réunion, spécimen de P. Guézé, MNHN Pa828).

201. *Justitia longimanus* (H. Milne Edwards, 1837)
Justitia longimana - Monod et Postel, 1968 : 178 (Réunion dans le matériel examiné, coll. P. Guézé, SW de Saint-Denis, baie de La Possession et baie de Saint-Paul, trémail de nuit, 80-100 m). - Crosnier, 1976 : 237 (Réunion, coll. P. Guézé, Le Port décembre 1972, casier et filet 100-150 m, MNHN) - *Justitia longimanus* - Poupin, 1994 : 48 (Réunion, spécimens de P. Guézé).

202. *Panulirus longipes* (A. Milne-Edwards, 1868)
Panulirus longipes - Monod, 1975 : 1008 (Réunion, dans le matériel examiné, coll. Plessis). - Ribes-Beaudemoulin *et al.,* 2002 : 67 (Réunion). - Mission Poupin, avril 2008 (st. 12, spécimen déposé au Muséum de la Réunion).

203. *Panulirus ornatus* (Fabricius, 1798)
Panulirus ornatus - A. Milne-Edwards, 1862, annexe F : 14 (Réunion dans le matériel examiné, coll. L. Maillard). - Mission Poupin, avril 2008 (observation à l'aquarium de Saint-Gilles).

204. *Panulirus penicillatus* (Olivier, 1791)
Palinurus ehrenbergi - Hoffman, 1874 : 30 (Réunion ; synonyme de *P. penicillatus*, cf. Holthuis, 1991). - *Panulirus penicillatus* - A. Milne-Edwards, 1862, annexe F : 14 (Réunion, coll. L. Maillard). - Monod, 1975 : 1008 (Réunion dans le matériel examiné, coll. Plessis). - Mission Poupin, avril 2008 (st. 12, spécimen déposé au Muséum de la Réunion).

205. *Panulirus versicolor* (Latreille, 1804)
Panulirus versicolor - Mission Poupin, avril 2008 (détermination d'après photographie de F. Trentin).

Famille Scyllaridae Latreille, 1825

206. *Arctides regalis* Holthuis, 1963
Arctides regalis - Monod, 1975 : 1008 (Réunion dans le matériel examiné, coll. Plessis). - Ribes-Beaudemoulin *et al., 2002* : 67 (Réunion). - Holthuis, 2006 : 240 (Réunion dans le matériel examiné, Muséum de Genève et MNHN, leg. Plessis). - Mission Poupin, avril 2008 (st. 12, Saint-Leu, centre Kelonia ; photographies J. Poupin, L. Bêche, E. Lancelot).

207. *Parribacus antarcticus* (Lund, 1793)
Ibacus antarcticus - A. Milne-Edwards, 1862, annexe F : 14 (Réunion, coll. L. Maillard). - *Parribacus antarcticus* - Holthuis, 1985 : 76 (Réunion dans le matériel examiné, coll. P. Guézé, filet à la Pointe-des-Galets, MNHN). - Mission Poupin, avril 2008 (MNHN, st. 12, Saint-Leu ; photographies, J. Poupin, S. Ribes, A. Diringer).

208. *Scyllarides haani* (De Haan, 1841)
Scyllarides haani - Mission Poupin, avril 2008 (aquarium de Saint-Gilles ; photographies J. Poupin, mue du spécimen de l'aquarium, A. Diringer).

209. *Scyllarides squammosus* (H. Milne Edwards, 1837)
Scyllarus squammosus - A. Milne-Edwards, 1862, annexe F : 14 (Réunion, coll. L. Maillard). - *Scyllarides squammosus* - Holthuis, 1991 : 194 (synonymie, distribution).

Infra-ordre Anomura MacLeay, 1838

Super-famille Galatheoidea Samouelle, 1819
Famille Galatheidae Samouelle, 1819

210. *Allogalathea elegans* (Adams et White, 1848)
Allogalathea elegans - Mission Poupin, avril 2008 (d'après photographie de F. Trentin).

211. *Bathymunida polae* Balss, 1914
Bathymunida polae - Baba, 2005 : 71 (Réunion dans la distribution, sans doute depuis Balss, 1914 dont le matériel type est indiqué (p. 239) de Madagascar et la Réunion ; profondeurs connues 76-255 m).

212. *Coralliogalathea humilis* (Nobili, 1905)
Coralliogalathea humilis - Ribes, 1978 (Réunion).

213. *Galathea mauritiana* Bouvier, 1915
Galathea affinis - Ribes, 1978 (Réunion). - *Galathea mauritiana* - Collins, 1995 (*Galathea mauritiana* Bouvier, 1915, non de remplacement pour *Galathea affinis* Ortmann, 1892 non *Galathea affinis* Ristori, 1886, avec la mention que le nom de *Galathea affinis* est déjà pris).

214. *Galathea spinosorostris* Dana, 1852
Galathea spinosorostris - Ribes, 1978 (Réunion).

215. *Laureia gardineri* (Laurie, 1926)
Laureia gardineri - Ribes, 1978 (Réunion).

216. *Munida barbeti* Galil, 1999
Munida barbeti - Macpherson et de Saint Laurent, 2002 : 468 (La Réunion, NW Madagascar, et Aldabra, entre 28-41 m et 95-115 m). - Baba, 2005 : 260 (Réunion, dans la distribution).

217. *Munida foresti* Macpherson et de Saint Laurent, 2002
Munida foresti Macpherson et de Saint Laurent, 2002 : 468 (Réunion, 58-70 m). - Baba *et al.*, 2008 : 96 (catalogue des Galatheidae).

218. *Munida muscae* Macpherson et de Saint Laurent, 2002
Munida muscae Macpherson et de Saint Laurent, 2002 : 471 (Réunion, 605-620 m). – Baba *et al.*, 2008 : 109 (catalogue des Galatheidae).

219. *Munida shaula* Macpherson et de Saint Laurent, 2002
Munida shaula Macpherson et de Saint Laurent, 2002 : 474, fig. 3a-c, e-h (coll. *Marion-Dufresne*, MD32, plusieurs stations en 1982, La Réunion entre 280-510 m ; localité type Réunion, 410 m, MNHN Ga4573). - Baba, 2005 : 274 (Réunion dans la distribution).

220. *Munida sphinx* Macpherson et Baba, 1993
Munida sphinx - Macpherson et de Saint Laurent, 2002 : 477 (coll. *Marion-Dufresne*, MD32, plusieurs stations en 1982, Réunion 210-300 m). - Baba, 2005 : 274 (distribution).

221. *Munidopsis aries* (A. Milne-Edwards, 1880)
Munidopsis aries - Macpherson, 2007 : 39 (Réunion, 3 180-3 480 m). - Baba *et al.*, 2008 : 132 (catalogue des Galatheidae).

222. *Munidopsis centrina* Alcock et Anderson, 1894
Munidopsis centrina - Macpherson, 2007 : 49 (coll. *Marion-Dufresne*, MD32, Réunion, st. 103, 2 950-2 970 m, 2 mâles, MNHN-Ga5532). - Baba *et al.*, 2008 : 136 (catalogue des Galatheidae).

223. *Munidopsis nitida* (A. Milne-Edwards, 1880)
Munidopsis nitida - Macpherson, 2007 : 85 (coll. *Marion-Dufresne*, MD32, Réunion st. 105, 1 740-1 850 m, 1 femelle MNHN-Ga5742). - Baba *et al.*, 2008 : 151 (catalogue des Galatheidae).

224. *Munidopsis orcina* McArdle, 1901
Munidopsis orcina - Macpherson, 2007 : 86 (coll. *Marion-Dufresne*, MD32, Réunion, st. 105, 1 740-1 850 m, 1 mâle MNHN). - Baba *et al.*, 2008 : 152 (catalogue des Galatheidae).

225. *Munidopsis pectinata* Macpherson, 2007
Munidopsis pectinata Macpherson, 2007 : 89, fig. 42 (coll. *Marion-Dufresne*, MD32, Réunion, st. CP112, 740-780 m, 1 femelle 4,9 mm, holotype MNHN Ga5563). - *Baba et al.*, 2008 : 153 (catalogue des Galatheidae).

226. *Phylladiorhynchus integrirostris* Dana, 1852
Phylladiorhynchus serrirostris - Ribes, 1978 (Réunion). - *Phylladiorhynchus integrirostris* - Baba, 2005 : 304 (synonymie, distribution).

227. *Sadayochia edwardsii* (Miers, 1884)
Sadayochia miyakei - Ribes, 1978 (Réunion). - *Sadayoshia edwardsii* - Baba, 2005 : 307 (synonymie, distribution). - Mission Poupin, avril 2008 (détermination provisoire d'après photographie du programme Biotas).

Famille Porcellanidae Haworth, 1825

228. *Neopetrolisthes maculatus* (H. Milne Edwards, 1837)
Neopetrolisthes maculatus - Ribes-Beaudemoulin *et al., 2002* : 76 (Réunion). - Mission Poupin, avril 2008 (d'après photographies, L. Bêche, F. Trentin, E. Lancelot).

229. *Pachycheles garciaensis* (Ward, 1942)
Pachycheles garciaensis - Peyrot-Clausade, 1977 : annexe, p. 24.

230. *Pachycheles natalensis* (Krauss, 1843)
Pachycheles natalensis - Ribes, 1978 (Réunion).

231. *Petrolisthes asiaticus* (Leach, 1820)
Porcellena asiatica - A. Milne-Edwards, 1862, annexe F : 13 (Réunion, coll. L. Maillard). - *Petrolisthes asiaticus* - Davie, 2002 : 101 (synonymie, distribution).

232. *Petrolisthes penicillatus* (Heller, 1861)
Petrolisthes penicillatus - Peyrot-Clausade, 1977 : annexe, p. 25 (Réunion).

233. *Petrolisthes tomentosus* (Dana, 1852)
Petrolisthes tomentosus - Ribes, 1978 (Réunion). - Mission Poupin, avril 2008 (détermination provisoire d'après photographies du programme Biotas).

234. *Polyonyx biunguiculatus* (Dana, 1852)
Polyonyx biunguiculatus - Ribes, 1978 (Réunion).

235. *Polyonyx triunguiculatus* Zehntner, 1894
Polyonyx triunguiculatus - Ribes, 1978 (Réunion).

Super-famille Hippoidea Latreille, 1825
Famille Hippidae Latreille, 1825

236. *Albunea speciosa* Dana, 1852
Albunea symnista (sic). - A. Milne-Edwards, 1862, annexe F : 12 (Réunion, coll. L. Maillard ; non *Albunea symmysta* (Linnaeus). - *Albunea speciosa* - Boyko, 2002 : 230 (Réunion dans le matériel examiné, coll. L. Maillard, novembre 1862, « île Bourbon », 1 mâle MNHN Hi191 ; synonymie). - *Albunea* sp. – Fichier NBASE ZNIEF (Réunion, peut être *A. speciosa*).

237. *Hippa ovalis* (A. Milne-Edwards, 1862)
Remipes ovalis A. Milne-Edwards, 1862, annexe F : 12, pl. XVII, fig. 5 (Réunion, coll. L. Maillard). - *Hippa ovalis* - Mission Poupin, avril 2008 (MNHN, st. 11a, Pointe-au-Sel, sable blanc et st. 11b, Étang-Salé, sable noir, 6 spp. 14,2x10,3-27,2x20,7 mm).

Super-famille Lithodoidea Samouelle, 1819
Famille Lithodidae Samouelle, 1819

238. *Lithodes murrayi* Henderson, 1888
Lithodes murrayi - Macpherson, 1988 : 122, pl. IIc (Réunion, casiers 350-500 m, MNHN Pg 3502).

239. *Paralomis stella* Macpherson, 1988
Paralomis stella Macpherson, 1988 : 118 (Réunion, coll. *Marion-Dufresne*, MD32, plusieurs stations, casiers 350-937 m, MNHN) - Coll. Programme Arvam, septembre 2008 (A. Barrère, J.-P. Quod), pêche au casier environ 350-400 m, détermination E. Macpherson (suite mission Poupin, avril 2008).

240. *Paralomis* sp. *in* Macpherson, 1988
Paralomis sp. Macpherson, 1988 : 121, fig. 2 (Réunion, coll. *Marion-Dufresne*, MD32, st. CP11 900-955 m).

Super-famille Paguroidea Latreille, 1802
Famille Coenobitidae Dana, 1851

241. *Coenobita rugosus* H. Milne Edwards, 1837
Coenobita rugosa - A. Milne-Edwards, 1862, annexe F : 13 (Réunion, coll. L. Maillard). - *Coenobita rugosus* - Mission Poupin, avril 2008 (MNHN, st. 3 Saint-Leu ; photographies).

Famille Diogenidae Ortmann, 1892

242. *Aniculus maximus* Edmonson, 1952
Aniculus maximus - Ribes-Beaudemoulin *et al., 2002* : 68 (Réunion). - Mission Poupin, avril 2008 (d'après photographies de F. Trentin, A. Diringer, E. Lancelot).

243. *Aniculus ursus* (Olivier, 1811)
Pagurus aniculus - A. Milne-Edwards, 1862, annexe F : 13 (Réunion, coll. L. Maillard ; non *A. aniculus* (Fabricius, 1787). - *Aniculus ursus* - Forest, 1984 : 26 (synonymie, distribution et spécimens examinés de la Réunion : coll. L. Maillard MNHN Pg1443, coll. Saint Laurent et Forest, 16/09/1982 à Saint-Leu, MNHN Pg2683, à Saint-Gilles, MNHN Pg2684). - Mission Poupin, avril 2008 (st. 16, Saint-Leu ; photographies J. Poupin, Biotas, S. Ribes).

244. *Bathynarius albicinctus* (Alcock, 1905)
Bathynarius albicinctus - Forest, 1988 : 768 (Réunion, coll. *Marion-Dufresne*, MD32, st. CP57 le 22/08/1982, 210-225 m, MNHN).

245. *Calcinus argus* Wooster, 1984
Calcinus argus - Mission Poupin, avril 2008 (d'après photographies, programme Biotas, E. Lancelot).

246. *Calcinus elegans* (H. Milne Edwards, 1836)
Calcinus elegans - Mission Poupin, avril 2008 (MNHN, st. 16 ; photographies, F. Trentin, S. Ribes).

247. *Calcinus guamensis* Wooster, 1984
Calcinus guamensis - Mission Poupin, avril 2008 (d'après photographies, programme Biotas, E. Lancelot).

248. *Calcinus laevimanus* (Randall, 1840)
Calcinus laevimanus - Mission Poupin, avril 2008 (MNHN, st. 12 et photographies, J. Poupin, S. Ribes).

249. *Calcinus latens* (Randall, 1840)
Calcinus latens - Mission Poupin, avril 2008 (MNHN, st. 16 et photographies, J. Poupin, S. Ribes).

250. *Calcinus morgani* Rahayu et Forest, 1999
Calcinus morgani - Mission Poupin, avril 2008 (MNHN, st. 16, Pointe-des-Châteaux, Saint-Leu ; photographies J. Poupin).

251. *Calcinus pulcher* Forest, 1958
Calcinus pulcher - Mission Poupin, avril 2008 (d'après photographies, programme Biotas).

252. *Calcinus rosaceus* Heller, 1861
Calcinus rosaceus - Mission Poupin, avril 2008 (d'après photographies, programme Biotas).

253. *Calcinus vachoni* Forest, 1958
Calcinus vachoni - Mission Poupin, avril 2008 (d'après photographies, programme Biotas).

254. *Calcinus vanninii* Gherardi et McLaughlin, 1994
Calcinus vanninii - Mission Poupin, avril 2008 (MNHN, st. 10, Grande-Anse et d'après photographies programme Biotas, E. Lancelot).

255. *Ciliopagurus krempfi* (Forest, 1952)
Ciliopagurus krempfi - Forest, 1995 : 59 (Réunion dans le matériel examiné, coll. *Marion-Dufresne*, MD32, st. 55, 97-110 m, st. 57, 210-227 m, st. 176, 165-195 m, août-septembre 1982).

256. *Ciliopagurus shebae* (Lewinsohn, 1969)
Ciliopagurus shebae - Forest, 1995 : 69 (Réunion dans le matériel examiné, coll. *Marion-Dufresne*, MD32, st. 55, 97-110 m, août 1982, MHNH Pg5160).

257. *Ciliopagurus strigatus* (Herbst, 1804)
Ciliopagurus strigatus - Poupin et Malay, 2009 : sous presse (synonymie et spécimens examinés de la Réunion). - Mission Poupin, avril 2008 (d'après photographies, programme Biotas, E. Lancelot, S. Ribes).

258. *Ciliopagurus tricolor* Forest, 1995
Trizopagurus strigatus - Ribes-Beaudemoulin *et al., 2002* : 68, non *Ciliopagurus strigatus* (Herbst, 1804). - Forest, 1995 : 148, fig. 41a, c (spécimen photographié de la Réunion). - Poupin et Malay, 2009 : sous-presse (synonymie et spécimens examinés de la Réunion).

259. *Clibanarius humilis* (Dana, 1851)
Clibanarius humilis - Mission Poupin, avril 2008 (st. 16 Pointe-des-Châteaux, Saint-Leu).

260. *Dardanus deformis* (H. Milne Edwards, 1836)
Pagurus deformis - A. Milne-Edwards, 1862, annexe F : 13 (Réunion, coll. L. Maillard). - *Dardanus deformis* - McLaughlin *et al.*, 2007 : 79 (synonymie, distribution). - Mission Poupin, avril 2008 (MNHN, st. 5, Le Sentier-Marin, l'Ermitage-les-Bains, coll. Sully, confondu d'abord avec *D. pedunculatus* ; photographie de L. Bêche).

261. *Dardanus gemmatus* (H. Milne Edwards, 1848)
Dardanus pedunculatus - Ribes-Beaudemoulin *et al.*, 2002 : 68 (Réunion) ; non *D. pedunculatus* (Herbst, 1804). - *Dardanus gemmatus* - Mission Poupin, avril 2008 (MNHN, st. 12, 1 sp ; photographies S. Ribes, F. Trentin, E. Lancelot).

262. *Dardanus guttatus* (Olivier, 1812)
Dardanus guttatus - Ribes-Beaudemoulin *et al.*, 2002 : 68 (Réunion). - Mission Poupin, avril 2008 (st. 16, Pointe-des-Châteaux, Saint-Leu, photographie).

263. *Dardanus lagopodes* (Forskål, 1775)
Dardanus lagopodes - Ribes-Beaudemoulin *et al.*, 2002 : 68 (Réunion). - Mission Poupin, avril 2008 (st. 8, Étang-Salé, et d'après photographies S. Ribes, F. Trentin, L. Bêche, programme Biotas).

264. *Dardanus megistos* (Herbst, 1804)
Dardanus megistos - Ribes-Beaudemoulin *et al.*, 2002 : 68 (Réunion). - Mission Poupin, avril 2008 (d'après photographies, F. Trentin, L. Bêche, programme Biotas).

Famille Paguridae Latreille, 1802

265. *Pagurixus nomurai* Komai et Asakura, 1995

Pagurixus nomurai - Mission Poupin, avril 2008 (détermination d'après photographie, programme Biotas).

266. *Pylopaguropsis lemaitrei* Asakura et Paulay, 2003

Pylopaguropsis lemaitrei - Mission Poupin, avril 2008 (détermination d'après photographie, programme Biotas, et la couleur remarquable ; confirmée par Asakura sur les mêmes critères).

Famille Parapaguridae Smith, 1882

267. *Sympagurus brevipes* (de Saint Laurent, 1972)

Sympagurus brevipes - Coll. Programme Arvam, septembre 2008 (A. Barrère, J.-P. Quod), pêche au casier à la Réunion environ 300-400 m, détermination R. Lemaitre (suite mission Poupin, avril 2008).

268. *Sympagurus dofleini* (Balss, 1912)

Parapagurus dofleini - Crosnier, 1976 : 239 (Réunion, coll. P. Guézé, Saint-Paul mars 1973, casier 580-680 m, MNHN). - *Sympagurus dofleini* - Lemaitre, 2004 : 128 (Réunion dans le matériel examiné, MNHN Pg5756, 350-500 m). - Mission Poupin, avril 2008 (spécimen donné par l'aquarium de Saint-Gilles).

269. *Sympagurus trispinosus* (Balss, 1911)

Sympagurus trispinosus - Lemaitre, 2004 : 139 (Réunion dans le matériel examiné, MNHN Pg5779, 350-500 m). - Coll. Programme Arvam, septembre 2008 (A. Barrère, J.-P. Quod), pêche au casier à la Réunion 150-400 m, prov. détermination J. Poupin, pourrait aussi être *S. dofleini* ou *S. brevipes* (suite mission Poupin, avril 2008).

Famille Pylochelidae Bate, 1888

Remarque : McLaughlin et Lemaitre (2009 : 205) signalent une nouvelle espèce, *Trizocheles hoensonae* McLaughlin et Lemaitre, 2009, à la Réunion, entre 280-530 m. Selon P. McLaughlin *(comm. pers.)*, il s'agit d'une erreur typographique, tous les spécimens de cette nouvelle espèce ayant été récoltés au nord-est de Madagascar (Comores, Glorieuses, Mayotte).

Infra-ordre Brachyura Linnaeus, 1758

Super-famille Cyclodorippoidea Ortmann, 1892
Famille Cyclodorippidae Ortmann, 1892

270. *Xeinostoma inopinatum* Tavares, 1994

Xeinostoma inopinatum Tavares, 1994 : 121 (Réunion). - Cleva *et al.*, 2007 : 255 (type de la Réunion, d'après le travail de Tavares, coll. *Marion-Dufresne*, MD32, st. FA96, 350-750 m, 28/07/1982, st. DS176, 165-195 m, 05/09/1982, MNHN B22662, B22663).

Super-famille Dromioidea De Haan, 1833
Famille Dromiidae De Haan, 1833

271. *Cryptodromia fallax* (Latreille, *in* Milbert, 1812)

Dromia fallax - A. Milne-Edwards, 1862, annexe F : 10 (Réunion, coll. L. Maillard). - Cleva *et al.*, 2007 : 240 (Réunion, coll. L. Maillard, sélection d'un néotype de l'espèce, MNHN B9).

272. *Tumidodromia dormia* (Linnaeus, 1763)

Tumidodromia dormia - Mission Poupin, avril 2008 (détermination d'après photographie d'A. Diringer).

Famille Dynomenidae Ortmann, 1892

273. *Dynomene hispida* (Latreille, *in* Milbert, 1812)

Dynomene hispida - A. Milne-Edwards, 1862, annexe F : 10 (Réunion, coll. L. Maillard). - Peyrot-Clausade, 1977 : annexe, p. 25 (Réunion). - Ribes, 1978 (Réunion). - Mission Poupin, avril 2008 (détermination d'après photographies du programme Biotas).

274. *Dynomene pilumnoides* Alcock, 1900

Dynomene pilumnoides - McLay, 1999 : 494 (Réunion dans le matériel examiné, coll. S. Ribes sans date et localité, MNHN).

275. *Dynomene praedator* A. Milne-Edwards, 1879

Dynomene praedator - McLay, 1999 : 481 (Réunion dans le matériel examiné, coll. S. Ribes, sans date et localité, sur corail *Acropora*, 20 m, ? MNHN).

276. *Hirsutodynomene spinosa* (Rathbun, 1911)

Hirsutodynomene spinosa - Mission Poupin, avril 2008 (détermination d'après photographies du programme Biotas, A. Diringer).

Super-famille Homoloidea De Haan, 1839
Famille Homolidae De Haan, 1839

277. *Homola orientalis* Henderson, 1888

Thelxiope orientalis - Crosnier, 1976 : 241 (Réunion, coll. P. Guézé, nombreux spécimens, La Possession et Le Port, décembre 1972, 150-350 m). - ? *Homola orientalis* (forme océan Indien) - Guinot et Richer de Forges, 1981 : 531 (Réunion, casier, 350-400 m, 2 février 1974, MP B6965). - *Homola orientalis sensu lato* - Guinot et Richer de Forges, 1995 : 333 (Réunion, coll. P. Guézé, décembre 1972, nord de La Possession, mars et septembre 1973, La Possession et Le Port, février 1974, localité non précisée, 150-650 m, MNHN B16551, B16552, B13759, B13760, B6968). - *Homola orientalis* – Ng *et al.*, 2008 : 40 (liste des noms valides).

278. *Paromolopsis boasi* Wood-Mason et Alcock, 1891

Paromolopsis boasi - Guinot et Richer de Forges, 1981 : 540 (Réunion, coll. non indiquée, ? Guézé, 350-500 m, 2 février 1974, MNHN B6986). - Guinot, 1985 : 9 (Réunion, coll. *Marion-Dufresne*, MD32, 1982, de 330-937 m). - Guinot et Richer de Forges, 1995 : 355 (Réunion, coll. *Marion-Dufresne*, MD32, st. CA76, 25/08/1982, 700-750 m, MNHN B10536). - Ng *et al.*, 2008 : 41 (liste des noms valides).

Super-famille Raninoidea De Haan, 1839
Famille Raninidae De Haan, 1839

279. *Cosmonotus mclaughlinae* Tavares, 2006

Cosmonotus grayii - Ribes, 1989 : 911 (Réunion, coll. *Marion-Dufresne*, MD32, st. DC86, 27/08/1982, 75-90 m, MNHN B20350, non *C. grayii* Adams et White, 1848). - *Cosmonotus mclaughlinae* - Tavares, 2006 : 534 (Réunion dans le matériel examiné, mêmes spécimens que Ribes ; Tavares n'a semble-t-il pas consulté le travail de Ribes car il ne cite pas cette référence sous sa nouvelle espèce, mais les spécimens qu'il a examinés sont bien ceux de Ribes). – Cleva *et al.*, 2007 : 257 (Réunion, paratype dans les collections MNHN).

280. *Lyreidus brevifrons* Sakai, 1937

Lyreidus brevifrons - Ribes, 1989 : 906 (Réunion dans le matériel examiné, coll. *Marion-Dufresne*, MD32 en 1982, plusieurs stations, 300-620 m, MNHN).

281. *Notopoides latus* Henderson, 1888

Notopoides latus - Ribes, 1989 : 907 (Réunion, coll. *Marion-Dufresne*, MD32 en 1982, plusieurs stations, 165-227 m, fond de sable grossier au large de Saint-Gilles).

282. *Notosceles chimmonis* Bourne, 1922

Notosceles chimmonis - Monod, 1975 : 1008 (Réunion dans le matériel examiné, coll. Y. Plessis, 450 m). - Ribes, 1989 : 907 (Réunion, coll. *Marion-Dufresne*, 75-90 m, MNHN).

283. *Notosceles viaderi* Ward, 1942

Notosceles viaderi - Crosnier, 1976 : 239 (Réunion, coll. P. Guézé, La Possession 16/06/1973, casier 200 m, MNHN). - Dawson et Yaldwyn, 2000 : 53 (Réunion, spécimen de P. Guézé mentionné par Crosnier, distribution).

284. *Ranina ranina* (Linnaeus, 1758)

Ranina dentata - A. Milne-Edwards, 1862 : F10 (Réunion). - *Ranina ranina* - Ng *et al.*, 2008 : 42 (synonymie). - Mission Poupin, avril 2008 (st. 13, achat en bord de route à un pêcheur, environ 80 m).

285. *Umalia misakiensis* (Sakai, 1937)

Ranilia misakiensis - Ribes, 1989 : 912 (Réunion, coll. *Marion-Dufresne*, MD32 le 22/08/1982, st. DC54, 80-83 m, MNHN B20351). - *Umalia misakiensis* - Ng *et al.*, 2008 : 42 (liste des noms valides).

Super-famille Aethroidea Dana, 1851
Famille Aethridae Dana, 1851

286. *Aethra scruposa* (Linnaeus, 1764)

Oethra scruposa - A. Milne-Edwards, 1862 (Réunion, coll. L. Maillard). - *Aethra scruposa* - Ribes-Beaudemoulin *et al., 2002* : 70 (Réunion ; au delà de 30 m). – Mission Poupin, avril 2008 (photographie A. Diringer, 18 m, sous une pierre, détermination Poupin/Ng d'après la photographie).

287. *Actaeomorpha erosa* Miers, 1877

Actaeomorpha erosa - Peyrot-Clausade, 1977 : annexe, p. 25 (Réunion).

Super-famille Calappoidea De Haan, 1833
Famille Calappidae De Haan, 1833

288. *Calappa bicornis* Miers, 1884
Calappa bicornis - Galil, 1997 : 276 (Réunion, coll. P. Guézé, 1966, 150 m, 2 mâles MNHN).

289. *Calappa calappa* (Linnaeus, 1758)
Calappa calappa - BD internet du Parc marin à http://etic.univ-reunion.fr/parcmarin/ (Réunion, source inconnue ; probablement d'après une photographie. Comme l'espèce est assez facile à reconnaître et compte tenu de sa distribution indo-ouest pacifique, le signalement est considéré comme valide).

290. *Calappa gallus* (Herbst, 1803)
Calappa gallus - A. Milne-Edwards, 1862, annexe F : 10 (Réunion, coll. L. Maillard). - Hoffman, 1874 : 26 (Réunion).

291. *Calappa hepatica* (Linnaeus, 1758)
Calappa hepatica - Mission Poupin, avril 2008 (coll. S. Ribes ; photographies, S. Ribes, F. Trentin, J. Poupin).

292. *Calappa lophos* (Herbst, 1782)
Calappa lophos - Crosnier, 1976 : 241 (Réunion, coll. P. Guézé, Le Port, casier et filet 100-150 m). - Galil, 1997 : 302 (Réunion, 1903, coll. A. Milne-Edwards, 1 sp. MNHN B4085 ; distribution).

Famille Matutidae De Haan, 1835

293. *Matuta victor* (Fabricius, 1781)
Matuta victor - A. Milne-Edwards, 1862, annexe F : 10 (Réunion, coll. L. Maillard)

Super-famille Cancroidea Latreille, 1802
Famille Cancridae Latreille, 1802

294. *Platepistoma guezei* (Crosnier, 1976)
Cancer guezei Crosnier, 1976 : 243 (Réunion, coll. P. Guézé, Le Port, 11/09/1973, casiers 650 m). - *Platepistoma guezei* - Ng *et al.*, 2008 : 53 (liste des noms valides).

Super-famille Carpilioidea Ortmann, 1893
Famille Carpiliidae Ortmann, 1893

295. *Carpilius convexus* (Forskål, 1775)
Carpilius convexus - A. Milne-Edwards, 1862, annexe F : 3 (Réunion dans la matériel examiné, coll. L. Maillard). - Hoffmann, 1874 : 3 (Réunion). - Ribes-Beaudemoulin *et al., 2002* : 70 (Réunion). - Mission Poupin, avril 2008 (détermination d'après photographie).

296. *Carpilius maculatus* (Linnaeus, 1758)
Carpilius maculatus - A. Milne-Edwards, 1862, annexe F : 3 (Réunion dans la matériel examiné, coll. L. Maillard). - Mission Poupin, avril 2008 (st. 12, Saint-Leu, centre Kelonia, photographie J. Poupin)

Super-famille Dairoidea Serène, 1965
Famille Dairidae Serène, 1965

297. *Daira perlata* (Herbst, 1790)
Daira perlata - Peyrot-Clausade, 1977 : annexe, p. 26 (Réunion). - Ribes, 1978 (Réunion). - Mission Poupin, avril 2008 (d'après photographie du programme Biotas).

Super-famille Eriphioidea MacLeay, 1838
Famille Eriphiidae MacLeay, 1838

298. *Eriphia scabricula* Dana, 1852
Eriphia scabricula - Peyrot-Clausade, 1977 : annexe, p. 26 (Réunion).

299. *Eriphia sebana* (Shaw et Nodder, 1803)
Eriphia laevimana - A. Milne-Edwards, 1862, annexe F : 5 (Réunion, coll. L. Maillard). - *Eriphia sebana* - Ng *et al.*, 2008 : 63 (synonymie). - Mission Poupin, avril 2008 (st. 15, don au Muséum de Saint-Denis).

Famille Oziidae Dana, 1851

300. *Lydia tenax* (Rüppell, 1830)
Ruppellia tenax - Hoffmann, 1874 : 6 (Réunion). - *Lydia tenax* - Ng *et al.*, 2008 : 65 (liste des noms valides).

Super-famille Goneplacoidea MacLeay, 1838
Famille Goneplacidae MacLeay, 1838

301. *Psopheticus crosnieri* Guinot, 1990
Psopheticus stridulans - Guinot, 1985 : 17 (Réunion, coll. *Marion-Dufresne*, MD32, 1982, 300-490 m, MNHN), non *Psopheticus stridulans* Wood-Mason, 1892. - *Psopheticus* aff. *stridulans* - Guinot, 1990 : 338 (Réunion, coll. *Marion-Dufresne*, MD32, plusieurs stations 300-490 m, MNHN). - *Psopheticus crosnieri* - Castro, 2007 : 742 (Réunion, ré-examen des spécimens de Guinot, 1990).

Famille Progeryonidae Števčič, 2005

302. *Progeryon guinotae* Crosnier, 1976
Progeryon guinotae - Crosnier, 1976 : 246 (Réunion, coll. P. Guézé, Le Port, juillet et septembre 1973, casier 650-750 m). - Guinot, 1985 : 14 (Réunion, coll. *Marion-Dufresne*, MD32, 1982, de 580-820 m, MNHN). - Mission Poupin, avril 2008 (Réunion, spécimen récupéré à l'aquarium de Saint-Gilles, leg. au Muséum de Saint-Denis de la Réunion).

Famille Mathildellidae Karasawa et Kato, 2003

303. *Beuroisia duhameli*
Guinot et Richer de Forges, 1981
Beuroisia duhameli - Coll. Programme Arvam, septembre 2008 (A. Barrère, J.-P. Quod), pêche au casier à la Réunion 150-400 m, détermination J. Poupin (suite mission Poupin, avril 2008).

304. *Platypilumnus inermis* Guinot, 1985
Platypilumnus inermis - Guinot, 1985 : 16 (Réunion, coll. *Marion-Dufresne*, MD32, 1982, 460-490 m, MNHN).

Super-famille Leucosioidea Samouelle, 1819
Famille Leucosiidae Samouelle, 1819

305. *Ixa cylindrus* (Fabricius, 1777)
Ixa canaliculata - A. Milne-Edwards, 1862, annexe F : 10 (Réunion, coll. L. Maillard). - *Ixa cylindrus* – Ng *et al.*, 2008 : 91 (liste des noms valides, synonymie).

306. *Pseudophilyra tridentata* Miers, 1879
Pseudophilyra tridentata - Photographies P. Frouin, reçues juin 2009 (suite mission Poupin, avril 2008).

307. *Nursia mimetica* Nobili, 1906
Nursia mimetica - Photographies P. Frouin, reçues juin 2009 (suite mission Poupin, avril 2008).

Super-famille Majoidea Samouelle, 1819
Famille Epialtidae MacLeay, 1838

308. *Acanthonyx consobrinus* A. Milne-Edwards, 1862
Acanthonyx consobrinus A. Milne-Edwards, 1862, annexe F : 7, pl. xvii, fig. 3, 3a-b (Réunion, coll. L. Maillard). – Ng *et al.*, 2008 : 100 (liste des noms valides).

309. *Acanthonyx limbatus* A. Milne-Edwards, 1862
Acanthonyx limbatus A. Milne-Edwards, 1862, annexe F : 7, pl. xvii, fig. 4, 4a-b (Réunion, coll. L. Maillard). - Ng *et al.*, 2008 : 100 (liste des noms valides).

310. *Hyastenus subinermis* Zehntner, 1894
Hyastenus subinermis - Monod, 1975 : 1008 (sous « *H. subinormis* », Réunion dans le matériel examiné, coll. Y. Plessis 450 m, détermination Serène).

311. *Menaethiops natalensis* Barnard, 1955
Menaethiops natalensis - Ribes, 1978 (Réunion).

312. *Menaethius monoceros* (Latreille, 1825)
Menaethius rugosus A. Milne-Edwards, 1862, annexe F : 2, pl. xvii, fig. 2a (Réunion, coll. L. Maillard). - *Menaethius monoceros* - A. Milne-Edwards, 1862, annexe F : 6 (Réunion, coll. L. Maillard). - Peyrot-Clausade, 1977 : annexe, p. 25 (Réunion). - Ng *et al.*, 2008 : 101 (liste des noms valides, synonymie). - Photographies P. Frouin, reçues juin 2009 (suite mission Poupin, avril 2008).

313. *Menaethius orientalis* (Sakai, 1969)
Epialtus orientalis - Ribes, 1978 (Réunion). - *Menaethius orientalis* - Ng *et al.*, 2008 : 101 (liste des noms valides).

314. *Naxioides taurus* (Pocock, 1890)
Naxioides taurus - Ribes-Beaudemoulin *et al., 2002* : 78 (Réunion). - Mission Poupin, avril 2008 (d'après photographie de F. Trentin, à confirmer).

315. *Perinia tumida* Dana, 1851
Perinea (sic) *tumida* - Peyrot-Clausade, 1977 : annexe, p. 25 (Réunion). - *Perinia tumida* - Ribes, 1978 (Réunion). - Mission Poupin, avril 2008 (d'après photographie programme Biotas)

316. *Rochinia crosnieri* Griffin et Tranter, 1986
Hyastenus sp. - Crosnier, 1976 : 242 (Réunion, coll. P. Guézé, 420 et 580-680 m). - Ribes, 1978. - *Rochinia crosnieri* Griffin et Tranter,

1986 : 179, fig. 57a, b (Réunion, spécimen de Crosnier, 1976, 1 femelle ovigère, MNHN).

317. *Simocarcinus depressus* (A. Milne-Edwards, 1862)
Huenia depressa A. Milne-Edwards, 1862, annexe F : 8, pl. xvii, fig. 1, 1a (Réunion, coll. L. Maillard). - *Simocarcinus depressus* - Ng *et al.*, 2008 : 101 (liste des noms valides). - Mission Poupin, avril 2008 (d'après photographie du programme Biotas).

318. *Thusaenys orbis* (Rathbun, 1916)
Hyastenus orbis - Ribes, 1978 (Réunion). - *Thusaenys orbis* - Ng *et al.*, 2008 : 106 (liste des noms valides).

319. *Tylocarcinus styx* (Herbst, 1803)
Arctopsis styx - A. Milne-Edwards, 1862, annexe F : 6 (Réunion, coll. L. Maillard). - *Tylocarcinus styx* - Ribes, 1978 (Réunion). - Mission Poupin, avril 2008 (d'après photographies du programme Biotas).

320. *Xenocarcinus conicus* (A. Milne Edwards, 1865)
Xenocarcinus conicus - Griffin et Tranter (1986) : 101, fig. 30 c, d, spécimen de la Réunion, 70-80 m, coll. P. Guézé, 1965.

Famille Hymenosomatidae MacLeay, 1838

321. *Elamena mathoei* (Desmarest, 1823)
Elamene mathaei - A. Milne-Edwards, 1862, annexe F : 5 (Réunion, coll. L. Maillard). - *Elamena mathoei* - Ng *et al.*, 2008 : 108 (liste des noms valides).

322. *Trigonoplax unguiformis* (De Haan, 1839)
Trigonoplax unguiformis - Ribes-Beaudemoulin *et al., 2002* : 70 (Réunion). - Mission Poupin, avril 2008 (détermination d'après photographie du programme Biotas). - Photographies A. Diringer reçue en juin 2009 (suite mission Poupin, avril 2008).

Famille Inachidae MacLeay, 1838

323. *Achaeus spinosus* Miers, 1879
Achaeus spinosus - Ribes, 1978 (Réunion).

324. *Camposcia retusa* (Latreille, 1829)
Camposcia retusa - Mission Poupin, avril 2008 (détermination d'après photographie, F. Trentin).

325. *Cyrtomaia guillei* Guinot, 1985
Cyrtomaia goodridgei - Monod, 1975 : 1009 (Réunion, coll. Plessis, 650 m, détermination Serène), non *C. goodridgei* MacArdle, 1900. - *Cyrtomaia guillei* Guinot, 1985 : 10 (Réunion, coll. *Marion-Dufresne*, MD32, 1982, 450-650 m).

326. *Platymaia turbynei* Stebbing, 1902
Platymaia turbynei - Crosnier, 1976 : 241 (Réunion, coll. P. Guézé, Le Port, casier profondeur inconnue, MNHN). - Guinot, 1985 : 14 (Réunion, coll. *Marion-Dufresne*, MD32, 1982, 300-580 m, MNHN). - Coll. Programme Arvam, septembre 2008 (A. Barrère, J.-P. Quod), pêche au casier à la Réunion 300-400 m, détermination J. Poupin (suite mission Poupin, avril 2008).

Famille Majidae Samouelle, 1819

327. *Schizophrys aspera* (H. Milne Edwards, 1834)
Schizophrys aspera - Mission Poupin, avril 2008 (MNHN, st. 12, Saint-Leu, centre Kelonia ; photographies J. Poupin, programme Biotas).

Super-famille Parthenopoidea MacLeay, 1838
Famille Parthenopidae MacLeay, 1838

328. *Daldorfia horrida* (Linnaeus, 1758)
Parthenope horrida - Crosnier, 1976 : 242 (Réunion, coll. P. Guézé, St Paul 50-90 m, MNHN). - *Daldorfia horrida* - Tan et Ng, 2007 : 130 (Réunion, La Saline-les-Bains, coll. H. G. Müller, janvier 1989, SMF 17993, et même spécimen que Crosnier, 1976, MNHN) - Mission Poupin, avril 2008 (d'après photographies du programme Biotas).

329. *Daldorfia spinosissima* (A. Milne-Edwards, 1862)
Parthenope spinosissima A. Milne-Edwards, 1862, annexe F : 8, pl. xviii, fig. 1, 1a-b (Réunion, coll. L. Maillard). - *Daldorfia spinosissima* - Tan et Ng, 2007 : 150, fig. 22-23 (holotype de la Réunion, MNHN B4596S, plus coll. P. Guézé, baie de La Possession, 1 mâle MNHN).

330. *Lambrachaeus ramifer* Alcock, 1895
Lambrachaeus ramifer - Photographie A. Diringer, 28 novembre 2008 (suite mission Poupin, avril 2008).

331. *Olenorfia cariei* (Bouvier, 1914)
Olenorfia cariei - Mission Poupin, avril 1998 (détermination d'après photographies du programme Biotas).

332. *Rhinolambrus contrarius* (Herbst, 1804)
Lambrus contrarius - A. Milne-Edwards, 1862, annexe F : 10 (Réunion, coll. L. Maillard). - *Rhinolambrus contrarius* – Ng *et al.*, 2008 : 132 (liste des noms valides).

Super-famille Pilumnoidea Samouelle, 1819
Famille Pilumnidae Samouelle, 1819

333. *Actumnus digitalis* (Rathbun, 1907)
Actumnus carinatus - Ribes, 1978 (Réunion). - Ng *et al.*, 2008 : 139 (synonymie, *Actumnus carinatus* Bouvier, 1914 est un *nomen nudum* correspondant à *Platypodia digitalis*, Rathbun). - *Actumnus digitalis* - Mission Poupin, avril 2008 (MNHN, st. 4, La Saline-les-Bains, 1 male 8,2x10,6 mm, photographie J. Poupin ; d'abord identifié à *Kraussia* sp.). - Photographie P. Frouin, reçue juin 2009 (suite mission Poupin, avril 2008).

334. *Echinoecus pentagonus* (A. Milne-Edwards, 1879)
Echinoecus pentagonus - Mission Poupin, avril 2008 (d'après photographie du programme Biotas, détermination confirmée par P. Castro).

335. *Gonatonatus granulosus* (MacGilchrist, 1905)
Eumedonus granulosus - Monod, 1975 : 1009 (Réunion, coll. Y. Plessis, détermination R. Serène). - *Gonatonatus granulosus* - Ng *et al.*, 2008 : 139 (liste des noms valides).

336. *Itampolus peresi* Serène et Peyrot-Clausade, 1977
Itampolus peresi Serène et Peyrot-Clausade, 1977 : 286, fig. 1-8 (Madagascar, Réunion, Maurice). - Peyrot-Clausade, 1977 : annexe, p. 26 (Réunion).

337. *Tiaramedon spinosum* (Miers, 1879)
Tiaramedon spinosum - Mission Poupin, avril 2008 (d'après photographie d'A. Diringer).

Super-famille Portunoidea Rafinesque, 1815
Famille Geryonidae Colosi, 1923

338. *Chaceon crosnieri* Manning et Holthuis, 1989
Chaceon crosnieri - Suite mission Poupin, avril 2008 (d'après photographies d'un spécimen récolté à 800 m, c/o Thierry Mulocheau, aquarium de La Réunion).

Famille Portunidae Rafinesque, 1815

339. *Carupa tenuipes* Dana, 1852
Carupa tenuipes - Mission Poupin, avril 2008 (détermination d'après photographies d' A. Diringer).

340. *Catoptrus nitidus* A. Milne-Edwards, 1870
Catoptrus nitidus - Peyrot-Clausade, 1977 : annexe, p. 26 (Réunion). - Ribes, 1978 (Réunion).

341. *Charybdis* (*Charybdis*) *orientalis* Dana, 1852
Goniosoma dubium - Hoffman, 1874 : 11 (Réunion). - *Charybdis* (*Charybdis*) *orientalis* - Apel et Spiridonov, 1998 : 206 (Réunion dans le matériel examiné, coll. P.L. Pollen et D.C. van Dam, 2 mâles, syntypes de *Goniosoma dubium* Hoffmann, 1874, RMNH D477).

342. *Charybdis* (*Charybdis*) *sagamiensis* Parisi, 1916
Charybdis (*Charybdis*) *sagamiensis* - Crosnier et Thomassin, 1974 : 1109 (Réunion, coll. P. Guézé, La Possession en 1972, casier 180-250 m, MNHN). - Crosnier, 1976 : 250 (Réunion, d'après Crosnier et Thomassin). - Crosnier, 1985 : 35 (Réunion, coll. *Marion-Dufresne*, MD32, 1982, 210-227 m, MNHN). - Ng *et al.*, 2008 : 153 (liste des noms valides).

343. *Charybdis* (*Gonioneptunus*) *bimaculata* (Miers, 1886)
Charybdis (*Gonioneptunus*) *bimaculata* - Crosnier et Thomassin, 1974 : 1111 (Réunion, coll. P. Guézé, La Possession en 1972, casier 150 m, MNHN). - Crosnier, 1976 : 250 (Réunion, d'après Crosnier et Thomassin). - Crosnier, 1985 : 35 (Réunion, coll. *Marion-Dufresne*, MD32, 1982, 340-395 m, MNHN). - Ng *et al.*, 2008 : 154 (liste des noms valides).

344. *Charybdis* (*Goniosupradens*) *erythrodactyla* (Lamarck, 1818)
Charybdis (*Goniosupradens*) *erythrodactyla* - Mission Poupin, avril 2008 (MNHN, st. 10, Grande-Anse, 1 femelle 49x70 mm, photographie J. Poupin).

345. *Charybdis* (*Goniosupradens*) *obtusifrons* Leene, 1937
Charybdis (*Goniosupradens*) *obtusifrons* - Mission Poupin, avril 2008 (MNHN, st. 12, Saint-Leu centre Kelonia, 1 femelle ovigère 40x60 mm, photographie J. Poupin).

346. *Gonioinfradens paucidentatus* (A. Milne-Edwards, 1861)
Goniosoma paucidentatum - A. Milne-Edwards, 1862, annexe F : 2 (Réunion, coll. L. Maillard). - *Charybdis paucidentata* - Crosnier, 1976 : 250 (Réunion, coll. P. Guézé, sans profondeur). - *Gonioinfradens paucidentata* - Apel et Spiridonov, 1998 : 224 (Réunion dans le matériel examiné, 1 mâle MNHN B5660, 1 mâle coll. P. Guézé, 150-300 m, MNHN B5655). - *Gonioinfradens paucidentatus* – Mission Poupin, avril 2008 (d'après photographies, F. Trentin). - Ng *et al.*, 2008 : 154 (liste des noms valides).

347. *Laleonectes nipponensis* (Sakai, 1938)
Portunus nipponensis - Crosnier et Thomassin, 1974 : 1106 (Réunion, coll. P. Guézé, nord de La Possession, décembre 1972, casier 250 m, MNHN). - Crosnier, 1976 : 250 (Réunion, d'après Crosnier et Thomassin, 1974). - *Laleonectes nipponensis* - Crosnier et Moosa, 2002 : 395 (distribution et comparaison avec *L. stridens* de Polynésie).

348. *Lissocarcinus orbicularis* Dana, 1852
Lissocarcinus orbicularis - Ribes-Beaudemoulin *et al., 2002* : 72 (Réunion). - Mission Poupin, avril 2008 (d'après une photographie d'A. Diringer).

349. *Lupocyclus quinquedentatus* Rathbun, 1906
Lupocyclus quinquedentatus - Crosnier, 1985 : 35 (Réunion, coll. *Marion-Dufresne*, MD32, 1982, à 55 m, MNHN).

350. *Lupocyclus tugelae* Barnard, 1950
Lupocyclus tugelae - Crosnier, 1984 : 398 (Réunion, coll. *Marion-Dufresne* MD32, cite Crosnier sous-presse). - Crosnier, 1985 : 35 (Réunion, coll. *Marion-Dufresne*, MD32, 1982, 40-130 m, MNHN).

351. *Parathranites orientalis* (Miers, 1886)
Parathranites orientalis - Crosnier, 1985 : 35 (Réunion, coll. *Marion-Dufresne*, MD32, 1982, 97-225 m, MNHN).

352. *Parathranites ponens* Crosnier, 2002
Parathranites ponens Crosnier, 2002 : 816 (Réunion, coll. *Marion-Dufresne*, MD32, plusieurs stations en 1983, 97-227 m, MNHN).

353. *Podophthalmus nacreus* Alcock, 1899
Podophthalmus nacreus - Crosnier, 1985 : 35 (Réunion, coll. *Marion-Dufresne*, MD32, 1982, 45 m, MNHN).

354. *Podophthalmus vigil* (Fabricius, 1798)
Podophthalmus vigil - A. Milne-Edwards, 1862, annexe F : 2 (Réunion, coll. L. Maillard).

355. *Portunus* (*Achelous*) *dubius* (Laurie, 1906)
Portunus dubius - Crosnier, 1984 : 401 (Réunion, coll. *Marion-Dufresne* MD32, en citant Crosnier sous presse). - Crosnier, 1985 : 35 (Réunion, coll. *Marion-Dufresne*, MD32, 1982, 73-210 m, MNHN). - Crosnier, 2002 : 404 (Réunion dans la distribution). - *Portunus* (*Achelous*) *dubius* - Ng *et al.*, 2008 : 151 (liste des noms valides).

356. *Portunus* (*Achelous*) *granulatus granulatus* (H. Milne Edwards, 1834)
Achelous granulatus - A. Milne-Edwards, 1862, annexe F : 2 (Réunion, coll. L. Maillard). - *Portunus* (*Achelous*) *granulatus granulatus* - Ng *et al.*, 2008 : 151 (synonymie et liste des noms valides). - Mission Poupin, avril 2008 (d'après photographie S. Ribes).

357. *Portunus* (*Achelous*) *orbitosinus* Rathbun, 1911
Portunus (*Achelous*) *orbitosinus* - Crosnier, 1985 : 35 (Réunion, coll. *Marion-Dufresne*, MD32, 1982, 40-77 m, MNHN).

358. *Portunus* (*Portunus*) *convexus* De Haan, 1835
Neptunus sieboldi - A. Milne-Edwards, 1862, annexe F : 2 (Réunion, coll. L. Maillard). - *Portunus* (*Portunus*) *convexus* - Ng *et al.*, 2008 : 152 (synonymie et liste des noms valides).

359. *Portunus* (*Portunus*) *sanguinolentus sanguinolentus* (Herbst, 1783)
Neptunus sanguinolentus - A. Milne-Edwards, 1862, annexe F : 2 (Réunion, coll. L. Maillard). - *Portunus* (*Portunus*) *sanguinolentus sanguinolentus* - Ng *et al.*, 2008 : 152 (synonymie et liste des noms valides).

360. *Portunus* (*Xiphonectes*) *iranjae* Crosnier, 1962
Portunus iranjae - Mission Poupin, avril 2008 (MNHN, st. 4, 4 spécimens 11,8x22,3 - 13,5x28,6 mm, avec épine latérale ; st. 5, 3 spécimens, st. 8, 1 sp. 14x16,3 mm).

361. *Portunus* (*Xiphonectes*) *longispinosus ongispinosus* (Dana, 1852)
Neptunus vigilans - A. Milne-Edwards, 1862, annexe F : 2 (Réunion, coll. L. Maillard). - *Portunus* cf. *longispinosus* - Taddei, 2003 : 136 (Réunion, Thèse). - *Portunus* (*Xiphonectes*) *longispinosus longispinosus*. - Ng *et al.*, 2008 : 152 (synonymie et liste des noms valides).

362. *Scylla serrata* (Forskål, 1775)
Scylla serrata - A. Milne-Edwards, 1862, annexe F : 2 (Réunion, coll. L. Maillard). - Mission Poupin, avril 2008 (d'après photographie d'une carapace à l'aquarium de Saint-Gilles, dans un premier temps identifiée à *Portunus convexus*, par erreur).

363. *Thalamita admete* (Herbst, 1803)
Thalamita admete - Ribes, 1978 (Réunion). - Apel et Spiridonov, 1998 : 229 (Réunion dans le matériel examiné, coll. H. G. Müller, 30/1/1989, La Saline-les-Bains, 13 mâles, 11 femelles). - Mission Poupin, avril 2008 (MNHN, st. 7, coll. S. Ribes, détermination Poupin, 1 mâle 16,1x26,0 mm, plus 2 mâles 8,3x13,3-15,7x24 mm, 1 femelle ovigère 9,7x15,5 mm ; st. 14, 1 mâle 13,9x22,6 mm). - *Thalamita edwardsi* - Ribes, 1978 (Réunion ; *T. edwardsi* Borradaile, 1900 a plusieurs fois été proposé comme un synonyme de *T. admete* et les observations des spécimens récoltés à la Réunion sont plutôt en faveur de cette décision).

364. *Thalamita coeruleipes* Hombron et Jacquinot, 1846
Thalamita coeruleipes - Mission Poupin, avril 2008 (MNHN, st. 4, 1 mâle 24,0x33,4 mm, st. 5, 1 mâle 26,4x38,3 mm ; photographies J. Poupin, L. Bêche, S. Ribes, programme Biotas ; dans un premier temps confondue avec *T. prymna*, très proche).

365. *Thalamita gatavakensis* Nobili, 1906
Thalamita gatavakensis - Ribes, 1978 (Réunion).

366. *Thalamita integra integra* (Dana, 1852)
Thalamita integra Dana - A. Milne-Edwards, 1862, annexe F : 2 (Réunion, coll. L. Maillard).

367. *Thalamita macrospinifera* Rathbun, 1911
Thalamita macrospinifera - Crosnier, 1985 : 35 (Réunion, coll. *Marion-Dufresne*, MD32, 1982, 58-195 m, MNHN).

368. *Thalamita prymna* (Herbst, 1803)
Thalamita prymna - Mission Poupin, avril 2008 (MNHN, 1 mâle juv. 10,4x13,7 mm, leg. P. Durville, aquarium de Saint-Gilles).

369. *Thalamita pilumnoides* Borradaile, 1903
Thalamita pilumnoides - Peyrot-Clausade, 1977 : annexe, p. 26 (Réunion).

370. *Thalamita spinifera* Borradaile, 1902
Thalamita spinifera - Ribes, 1978 (Réunion). - Crosnier, 1985 : 35 (Réunion, coll. *Marion-Dufresne*, MD32, 1982, 53-77 m, MNHN).

Super-famille Pseudozioidea Alcock, 1898
Famille Pseudoziidae Alcock, 1898

371. *Pseudozius caystrus* (Adams et White, 1848)
Pseudozius caystrus - Mission Poupin, avril 2008 (MNHN, st. 2, Saint-Leu et st. 10, Grande-Anse).

Super-famille Trapezioidea Miers, 1886
Famille Domeciidae Ortmann, 1893

372. *Domecia glabra* Alcock, 1899
Domecia glabra - Ribes, 1978 : 14 (Réunion). - Serène, 1984 : 294 (Réunion dans le matériel examiné, coll. S. Ribes, La Saline-les-Bains, sur *Acropora*, *Pavona*, *Montipora*, MNHN B8373). - Mission Poupin, avril 2008 (détermination d'après photographies du programme Biotas).

373. *Domecia hispida* Eydoux et Souleyet, 1842
Domecia hispida - Peyrot-Clausade, 1977 : annexe, p. 26 (Réunion). - Ribes, 1978 : 126 (Réunion). - Serène, 1984 : 293 (Réunion dans le matériel examiné, coll. S. Ribes, La Saline-les-Bains, MNHN B8368). - Mission Poupin, avril 2008 (détermination d'après photographies du programme Biotas).

374. *Jonesius triunguiculatus* (Borradaile, 1902)
Maldivia triunguiculata - Ribes, 1978 : 127 (Réunion). - Serène, 1984 : 297 (Réunion d'après

le travail de Ribes). - *Jonesius triunguiculatus* - Castro *et al.*, 2004 : 20 (distribution, synonymie).

375. *Palmyria palmyrensis* (Rathbun, 1923)
Maldivia palmyrensis - Ribes, 1978 : 127 (Réunion). - Serène, 1984 : 296 (Réunion dans le matériel examiné, coll. S. Ribes, La Saline-les-Bains, 30 m, sur *Galaxea fascicularis*, 1977, MNHN B8376). - *Palmyria palmyrensis* – Castro *et al.*, 2004, pl. 1c (photographie d'un spécimen de la Réunion).

Famille Tetraliidae Castro, Ng et Ahyong, 2004

376. *Tetralia cinctipes* Paulson, 1875
Tetralia glaberrima pullidactyla - Ribes, 1978 : 26 (Réunion). - Serène, 1984 : 282 (Réunion dans le matériel examiné, coll. S. Ribes, sur *Acropora*, MNHNN B8168). - *Tetralia cinctipes* - Castro, 1997a : 65 (Réunion, spécimens de Ribes, MNHN B8168, 14044). - Castro *et al.*, 2004 : 25 (distribution, synonymie).

377. *Tetralia glaberrima* (Herbst, 1790)
Tetralia glaberrima fulva - Ribes, 1978 : 127 (Réunion). - Serène, 1984 : 282 (Réunion d'après Ribes). - *Tetralia glaberrima laevissima* - Serène, 1984 : 282 (Réunion dans le matériel examiné, coll. S. Ribes, 20 m, MNHN B8178). - *Tetralia glaberrima* - Castro *et al.*, 2004 : 25 (distribution et synonymie). - Mission Poupin, avril 2008 (d'après photographies du programme Biotas).

378. *Tetraloides heterodactyla* (Heller, 1861)
Tetralia heterodactyla fusca - Serène, 1984 : 283 (Réunion dans le matériel examiné, coll. S. Ribes, La Saline-les-Bains, 10 m, 1977, MNHN B8197). - *Tetraloides heterodactyla* - Castro, 1997a : 72 (Réunion dans le matériel examiné, coll. S. Ribes, 1977, MNHN B8187). - Castro *et al.*, 2004 : 31 (synonymie, distribution).

379. *Tetraloides nigrifrons* (Dana, 1852)
Tetralia glaberrima nigrifrons - Ribes, 1978 : 26 (Réunion). - Serène, 1984 : 283 (Réunion dans le matériel examiné, coll. S. Ribes, MNHN B8182). - *Tetralia heterodactyla lissodactyla* - Ribes, 1978 : 127 (Réunion). - Serène, 1984 : 285 (Réunion dans le matériel examiné, coll. S. Ribes, La Saline-les-Bains, 1977, MNHN B8185). - *Tetraloides nigrifrons* - Castro, 1997a : 72 (Réunion dans le matériel examiné, coll. S. Ribes, 1977, MNHN B13943, 13944, 8185, 24924). – Castro *et al.*, 2004 : 31 (distribution, synonymie). - Mission Poupin, avril 2008 (d'après photographies du programme Biotas).

Famille Trapeziidae Miers, 1886

380. *Quadrella maculosa* Alcock, 1898
Quadrella maculosa - Ribes-Beaudemoulin *et al.*, 2002 : 78 (Réunion) ; d'après sa couleur et la présence de tubercules peu épineux sur le mérus des chélipèdes, il est possible que ce spécimen appartienne plutôt à *Q. serenei*, reconnu à la Réunion par P. Castro sur une photographie (cf. p. 95) très semblable à celle de Ribes-Beaudemoulin *et al.* (2002). La présence de *Q. maculosa* à la Réunion reste néanmoins probable compte tenu de la large répartition géographique de cette espèce.

381. *Quadrella serenei* Galil, 1986
Quadrella serenei - Mission Poupin, avril 2008 (d'après photographie, L. Bêche ; détermination confirmée par P. Castro).

382. *Trapezia bidentata* (Forskål, 1775)
Trapezia ferruginea - Ribes, 1978 : 127 (Réunion). - Serène, 1984 : 273 (Réunion dans le matériel examiné, coll. S. Ribes, La Saline-les-Bains, 5 m, MNHN B8237). - Ribes-Beaudemoulin *et al., 2002* : 80 (Réunion). - *Trapezia bidentata* - Castro *et al.*, 2004 : 41 (synonymie, distribution). - Mission Poupin, avril 2008 (d'après photographies S. Ribes).

383. *Trapezia digitalis* Latreille, 1825
Trapezia digitalis - Ribes, 1978 : 127 (Réunion). - Serène, 1984 : 277 (Réunion dans le matériel examiné, coll. S. Ribes, La Saline-les-Bains, 5 m, sur *Pocillopora* sp., MNHN B8267). - Mission Poupin, avril 2008 (d'après photographies du programme Biotas).

384. *Trapezia flavopunctata* Eydoux et Souleyet, 1842
Trapezia flavopunctata - Ribes, 1978 : 127 (Réunion). - Serène, 1984 : 276 (Réunion dans le matériel examiné, coll. S. Ribes, La Saline-les-Bains, 15 m, sur *Pocillopora eydouxi*, MNHN B8315). - Mission Poupin, avril 2008 (d'après photographies de F. Trentin, S. Ribes, E. Lancelot, programme Biotas). - *Trapezia rufopunctata* - Ribes-Beaudemoulin *et al., 2002* : 80 (Réunion), non *T. rufopunctata* (Herbst, 1799).

385. *Trapezia guttata* Rüppell, 1830
Trapezia guttata - Ribes, 1978 : 127 (Réunion). - Serène, 1984 : 271 (Réunion dans le matériel examiné, coll. S. Ribes, 11/1977, La Saline-les-Bains, sur *Pocillopora damicornis*, MNHN B8223).

386. *Trapezia lutea* Castro, 1997a
Trapezia cymodoce - Ribes, 1978 : 127 (Réunion), non *T. cymodoce* (Herbst, 1801). - *Trapezia lutea* Castro, 1997a : 85 (Réunion, spécimens de Ribes identifiés par Serène à *T. cymodoce*, coll. S. Ribes, 1977, La Saline-les-Bains, 5-30 m, MNHN B8939, 8941, 25247). - Mission Poupin, avril 2008 (d'après photographies du programme Biotas).

387. *Trapezia richtersi* Galil et Lewinsohn, 1983
Trapezia intermedia - Ribes, 1978 : 127 (Réunion). - *Trapezia richtersi* - Serène, 1984 : 274 (Réunion à partir de la correction du travail de Ribes). - Castro *et al.*, 2004 : 42 (synonymie et distribution). - Mission Poupin, avril 2008 (d'après photographies du programme Biotas).

388. *Trapezia rufopunctata* (Herbst, 1799)
Trapezia rufopunctata - Ribes-Beaudemoulin *et al., 2002* (Réunion). - Mission Poupin, avril 2008 (d'après photographies de S. Ribes, programme Biotas).

389. *Trapezia septata* Dana, 1852
Trapezia septata - Mission Poupin, avril 2008 (d'après photographie du programme Biotas).

390. *Trapezia speciosa* Dana, 1852
Trapezia speciosa - Ribes, 1978 : 127 (Réunion). - Serène, 1984 : 278 (Réunion dans le matériel examiné, coll. S. Ribes, La Saline-les-Bains, 20 m, sur *Stylophora mordax* et *Pocillopora*, 1976, MNHN B8326, 8327, 8328). - Castro, 1997b : 129 (Réunion dans le matériel examiné, sur *Pocillopora* et *Stylophora*, 1976-77, coll. S. Ribes, MNHN B 8326-8328, B16093, B 25302-25311 ; coll. M. Peyrot-Clausade, MNHN B 25301). - Mission Poupin, avril 2008 (d'après photographies, A. Diringer, programme Biotas).

391. *Trapezia tigrina* Eydoux et Souleyet, 1842
Trapezia wardi - Ribes, 1978 : 127 (Réunion). - *Trapezia tigrina* - Serène, 1984 : 275 (synonymie avec correction de la référence de Ribes). - Castro *et al.*, 2004 : 43 (synonymie et distribution).

Super-famille Xanthoidea MacLeay, 1838
Famille Xanthidae MacLeay, 1838

392. *Actaeodes consobrinus* (A. Milne-Edwards, 1873)
Actea consobrina - Peyrot-Clausade, 1977 : annexe, p. 25 (Réunion). - Ribes, 1978 : 126 (Réunion). - *Actaeodes consobrinus* - Serène, 1984 : 135 (Réunion dans le matériel examiné, coll. M. Peyrot-Clausade, 1974, MNHN B6586).

393. *Actaeodes tomentosus* (H. Milne Edwards, 1834)
Actaeodes tomentosus - Peyrot-Clausade, 1977 : annexe, p. 26 (Réunion). - Ribes, 1978 : 126 (Réunion). - Mission Poupin, avril 2008 (MNHN, st. 8, Étang-Salé ; photographies J. Poupin, S. Ribes).

394. *Atergatopsis granulata* A. Milne-Edwards, 1865
Atergatopsis granulatus - Ribes, 1978 : 126 (Réunion). - *Atergatopsis granulata* - Ng *et al.*, 2008 : 205 (liste des noms valides).

395. *Banareia armata* A. Milne-Edwards, 1869
Banareia armata - Serène, 1984 : 43 (Réunion dans le matériel examiné, coll. S. Ribes, 1977, La Saline-les-Bains, pente externe, 20 m sur *Astreopora myriophthalma*, MNHN B6472).

396. *Banareia nobilii* (Odhner, 1925)
Banareia nobilii - Ribes, 1978 : 126 (Réunion).

397. *Chlorodiella barbata* (Borradaile, 1900)
Chlorodiella barbata - Peyrot-Clausade, 1977 : annexe, p. 26 (Réunion). - Ribes, 1978 : 126 (Réunion). - Serène, 1984 : 260 (Réunion dans le matériel examiné, coll. S. Ribes, 7/7/1977, MNHN B6711). - Mission Poupin, avril 2008 (d'après photographies du programme Biotas).

398. *Chlorodiella cytherea* (Dana, 1852)
Chlorodiella cytherea - Peyrot-Clausade, 1977 : annexe, p. 26 (Réunion). - Ribes, 1978 : 126 (Réunion). - Serène, 1984 : 259 (distribution). - Mission Poupin, avril 2008 (d'après photographies du programme Biotas).

399. *Chlorodiella laevissima* (Dana, 1852)
Chlorodiella laevissima - Peyrot-Clausade, 1977 : annexe, p. 26 (Réunion). - Ribes, 1978 : 126 (Réunion). - Serène, 1984 : 260 (Réunion dans le matériel examiné, coll. S. Ribes, 10 m, nombreux spécimens, MNHN B6718). - Mission Poupin, avril 2008 (d'après photographies du programme Biotas).

400. *Chlorodiella nigra* (Forskål, 1775)
Chlorodiella nigra - Ribes, 1978 : 126 (Réunion). - Serène, 1984 : 258 (distribution).

401. *Cyclodius obscurus* (Hombron et Jacquinot, 1846)
Phymodius monticulosus - Serène, 1984 : 251 (Réunion, dans la distribution). - *Cyclodius obscurus* – Ng *et al.*, 2008 : 197 (synonymie et liste des noms valides). - Mission Poupin, avril 2008 (MNHN, st. 4 ; photographie du programme Biotas).

402. *Cyclodius ungulatus* (H. Milne Edwards, 1834)
Phymodius ungulatus - Peyrot-Clausade, 1977 : annexe, p. 27 (Réunion).- Ribes, 1978 : 127 (Réunion). - Serène, 1984 : 251 (Réunion d'après Ribes, 1978). - *Cyclodius ungulatus* - Ng *et al.*, 2008 : 197 (liste des noms valides). - Mission Poupin, avril 2008 (st. 4, La Saline-les-Bains, Trou-d'Eau, photographies J. Poupin, programme Biotas).

403. *Cymo andreossyi* (Audoin, 1826)
Cymo andreossyi - Peyrot-Clausade, 1977 : annexe, p. 26 (Réunion). - Ribes, 1978 : 126 (Réunion). - Mission Poupin, avril 2008 (d'après photographies du programme Biotas).

404. *Cymo deplanatus* A. Milne-Edwards, 1873
Cymo deplanatus - Ribes, 1978 : 126 (Réunion). - Serène, 1984 : 33 (Réunion dans le matériel examiné, sur *Acropora valida*, pente externe 30 m, coll. S. Ribes, MNHN B6749).

405. *Cymo melanodactylus* Dana, 1852
Cymo melanodactylus - Ribes, 1978 : 126 (Réunion). - Serène, 1984 : 34 (distribution). - Mission Poupin, avril 2008 (d'après photographie du programme Biotas).

406. *Cymo quadrilobatus* Miers, 1884
Cymo quadrilobatus - Serène, 1984 : 34 (Réunion dans le matériel examiné, Musée de Munich 878/2). - Ribes-Beaudemoulin *et al., 2002* : 80 (Réunion). - Mission Poupin, avril 2008 (d'après photographies, E. Lancelot, S. Ribes).

407. *Danielea noelensis* (Ward, 1942)
Paramedaeus noelensis - Ribes, 1978 : 127 (Réunion). - *Danielea noelensis* - Ng et Clark, 2003 : 142 (nouveau classement générique et distribution). - Ng *et al.*, 2008 : 198 (liste des noms valides).

408. *Demania crosnieri* Serène, 1984
Demania crosnieri Serène, 1984 : 190, pl. XXVI E (holotype de la Réunion, coll. P. Guézé, 11/1974, 80 m, MNHN B6646). - Guinot, 1985 : 24 (Réunion, leg. A. Crosnier, sans doute coll. P. Guézé, casier, 110 m, baie de La Possession, MNHN).

409. *Demania garthi* Guinot et Richer de Forges, 1981
Demania garthi - Guinot, 1985 : 24 (Réunion, leg. A. Crosnier, sans doute coll. P. Guézé, MNHN).

410. *Epiactaea nodulosa* (White, 1848)
Actaea nodulosa - A. Milne-Edwards, 1862, annexe F : 5 (Réunion, coll. L. Maillard). - *Epiactaea nodulosa* - Serène, 1984 : 116 (Réunion dans la matériel examiné, récif 30 m, sur *Favites* sp., coll. S. Ribes, 20/1/1977, MNHN B6745 ; synonymie).

411. *Etisus demani* Odhner, 1925
Etisus demani - Mission Poupin, avril 2008 (MNHN, st. 8, Étang-Salé, photographie J. Poupin). - Photographie P. Frouin, reçue juin 2009 (suite mission Poupin, avril 2008).

412. *Etisus dentatus* (Herbst, 1785)
Etisus dentatus - Mission Poupin, avril 2008 (st. 5, l'Ermitage-les-Bains, coll. S. Blancard, photographies J. Poupin, F. Trentin).

413. *Etisus splendidus* Rathbun, 1906
Etisus splendidus - Mission Poupin, avril 2008 (d'après photographie d'A. Diringer).

414. *Euxanthus huonii* (Hombron et Jacquinot, 1846)
Euxanthus sculptilis - Ribes, 1978 : 126 (Réunion). - *Euxanthus huonii* - Davie, 2002 : 534 (synonymie). - Ng *et al.*, 2008 : 199 (liste des noms valides).

415. *Gaillardiellus alphonsi* (Nobili, 1905)
Actaea pilosa A. Milne-Edwards, 1862, annexe F : 4 (Réunion, coll. L. Maillard), non *Actaea pilosa* Stimpson, 1858. - *Actaea alphonsi* Nobili, 1905 : 235 (holotype Réunion). - *Gaillardiellus alphonsi* - Serène, 1984 : 118 (Réunion, holotype MNHN, coll. L. Maillard, synonymie avec la référence d'A. Milne-Edwards).

416. *Gaillardiellus rueppelli* (Krauss, 1843)
Gaillardiellus rueppelli - Mission Poupin, avril 2008 (détermination d'après photographie du programme Biotas).

417. *Leptodius nudipes* (Dana, 1852)
Leptodius nudipes - Mission Poupin, avril 2008 (détermination d'après photographie programme Biotas).

418. *Leptodius sanguineus* (H. Milne Edwards, 1834)
Leptodius sanguineus - Mission Poupin, avril 2008 (MNHN, st. 9, 10, 15 ; photographies J. Poupin, S. Ribes).

419. *Liocarpilodes integerrimus* (Dana, 1852)
Liocarpilodes integerrimus - Peyrot-Clausade, 1977 : annexe, p. 26 (Réunion). - Ribes, 1978 : 126 (Réunion). - Serène, 1984 : 263 (Réunion dans le matériel examiné, coll. M. Peyrot-Clausade, 1974, MNHN B6720).

420. *Liomera bella* (Dana, 1852)
Carpiloxanthus vaillantianus A. Milne-Edwards, 1862, annexe F : 3 (Réunion, coll. L. Maillard ; synonyme de *L. bella*). - *Liomera bella* - Peyrot-Clausade, 1977 : annexe, p. 26 (Réunion). - Ribes, 1978 : 127 (Réunion). - *Liomera* (*Liomera*) *bella* - Serène, 1984 : 60 (Réunion dans la distribution).

421. *Liomera monticulosa* (A. Milne-Edwards, 1873)
Liomera monticulosa - Ribes, 1978 : 127 (Réunion).

422. *Liomera rugata* (H. Milne Edwards, 1834)
Liomera rugata - Peyrot-Clausade, 1977 : annexe, p. 27 (Réunion). - Ribes, 1978 : 127 (Réunion). - *Liomera* (*Liomera*) *rugata* - Serène, 1984 : 62 (Réunion dans la distribution). - Mission Poupin, avril 2008 (photographies du programme Biotas).

423. *Lophozozymus dodone* (Herbst, 1801)
Xantho radiatus - A. Milne-Edwards, 1862, annexe F : 4 (Réunion, coll. L. Maillard). - *Lophozozymus dodone* - Serène, 1984 : 170 (Réunion dans la distribution). - Ng *et al.*, 2008 : 206 (synonymie). - Mission Poupin, avril 2008 (MNHN, st. 8, 1 male 8x11,7 mm, coll. A. Barrère, et photographies J. Poupin, A. Diringer. Photographie A. Diringer, très proche de celle de Kato et Okuno, 2001 : 127)

424. *Lophozozymus evestigatus* Guinot, 1977
Lophozozymus evestigatus - Serène, 1984 : 172 (Réunion dans le matériel examiné, holotype MNHN B2505S).

425. *Lophozozymus guezei* Guinot, 1977
Lophozozymus guezei Guinot, 1977a, p. XXV, fig. 78 A, A1, pl. 30, fig. 6, 6a (Réunion) - Serène, 1984 : 171 (Réunion dans le matériel examiné, filet maillant, 50-90 m, coll. P. Guézé, 10/6/1973, MNHN B6621).

426. *Lophozozymus incisus* (H. Milne Edwards, 1834)
Lophozozymus incisus - Crosnier, 1976 : 250 (Réunion, coll. P. Guézé, casier 50-90 m, MNHN).

427. *Lybia tessellata* (Latreille, 1812)
Melia tessellata - A. Milne-Edwards, 1862, annexe F : 5 (Réunion, coll. L. Maillard). - *Lybia tessellata* - Peyrot-Clausade, 1977 : annexe, p. 27 (Réunion). - Serène, 1984 : 28 (Réunion dans la distribution). - Ribes-Beaudemoulin *et al., 2002* : 76 (Réunion). - Mission Poupin, avril 2008 (d'après photographies, F. Trentin, S. Ribes, L. Bêche, programme Biotas).

428. *Macromedaeus nudipes* (A. Milne-Edwards, 1867)
Macromedaeus nudipes - Mission Poupin, avril 2008 (d'après photographies du programme Biotas).

429. *Miersiella haswelli* (Miers, 1886)
Miersiella haswelli - Ribes, 1978 (Réunion).

430. *Monodaeus tuberculidens* (Rathbun, 1911)
Monodaeus tuberculidens - Guinot, 1967 : 368 (Réunion, 250-300 m). - Crosnier, 1976 : 246 (Réunion, coll. P. Guézé, Saint-Paul 1/03/1973, casier 420 m, MNHN). - Serène, 1984 : 87 (Réunion dans le matériel examiné, baie de St-Paul, casiers, 420 m, coll. P. Guézé, 1/3/1973, MNHN B6525).

431. *Nanocassiope alcoki* (Rathbun, 1902)
Nanocassiope alcoki - Ribes, 1978 : 126 (Réunion). - Serène, 1984 : 209 (Réunion dans le matériel examiné, coll. S. Ribes, La Saline-les-Bains, 30 m, MNHN B7935).

432. *Neoxanthias impressus* (Latreille, *in* Milbert, 1812)
Eudora impressa - A. Milne-Edwards, 1862, annexe F : 4 (Réunion, coll. L. Maillard). - *Ruppellia impressa* - Hoffman, 1874 : 6 (Réunion). - *Neoxanthias impressus* - Serène, 1984 : 201 (synonymie avec la référence de A. Milne-Edwards, distribution). - Ng *et al.*, 2008 : 204 (liste des noms valides).

433. *Novactaea pulchella* (A. Milne-Edwards, 1865)
Actaea pulchella A. Milne-Edwards, 1865 : 273, pl. 18, fig. 5 (Bourbon = Réunion). - *Novactaea pulchella* - Serène, 1984 : 105 (Réunion, holotype MNHN).

434. *Paractaea retusa* Nobili, 1905
Paractaea retusa - Peyrot-Clausade, 1977 : annexe, p. 27 (Réunion).

435. *Paractaea rufopunctata rufopunctata* (H. Milne Edwards, 1834)
Xantho rufo-punctatus - A. Milne-Edwards, 1862, annexe F : 4 (Réunion, coll. L. Maillard). - *Paractaea rufopunctata rufopunctata* - Serène, 1984 : 122 (cite la référence de A. Milne-Edwards sous cette espèce). - Mission Poupin, avril 2008 (d'après photographie du programme Biotas).

436. *Pilodius areolatus* (H. Milne Edwards, 1834)
Pilodius areolatus - Peyrot-Clausade, 1977 : annexe, p. 27 (Réunion) - Serène, 1984 : 241 (Réunion dans le matériel examiné, coll. S. Ribes, 21/11/1977, MNHN B6693). - Mission Poupin, avril 2008 (MNHN, st. 5, Le Sentier-Marin, l'Ermitage-les-Bains, 1 sp. 11x16 mm ; photographies J. Poupin, S. Ribes, programme Biotas).

437. *Pilodius paumotensis* Rathbun, 1907
Pilodius paumotensis - Peyrot-Clausade, 1977 : annexe, p. 27 (Réunion) - Ribes, 1978 : 127 (Réunion). - Serène, 1984 : 241 (Réunion dans le matériel examiné, coll. M. Peyrot-Clausade, MNHN B6697).

438. *Pilodius pugil* Dana, 1852
Pilodius pugil - Peyrot-Clausade, 1977 : annexe, p. 27 (Réunion) - Mission Poupin, avril 2008 (d'après photographies F. Trentin, programme Biotas).

439. *Pilumnus ransoni* Forest et Guinot, 1961
Pilumnus ransoni - Ribes, 1978 (Réunion).

440. *Platypodia granulosa* (Rüppell, 1830)
Platypodia granulosa - Serène, 1984 : 162 (Réunion dans le matériel examiné, coll. Petit, 1926, MNHN B7100).

441. *Platypodia semigranosa* (Heller, 1861)
Platypodia semigranosa - Ribes, 1978 : 127 (Réunion). - Serène, 1984 : 160 (Réunion dans la distribution).

442. *Psaumis cavipes* (Dana, 1852)
Actaea cavipes - Peyrot-Clausade, 1977 : annexe, p. 25 (Réunion). - *Psaumis cavipes* - Serène, 1984 : 129 (Réunion dans la distribution).

443. *Pseudoliomera remota* (Rathbun, 1907)
Pseudoliomera ruppellioides - Ribes, 1978, non *P. ruppellioides* (Odhner, 1925). - *Pseudoliomera remota* - Serène, 1984 : 97, note de bas de page numéro 2, 103 (Réunion).

444. *Pseudoliomera speciosa* (Dana, 1852)
Actea speciosa - Ribes, 1978 : 126 (Réunion dans le matériel examiné). - *Pseudoliomera speciosa* - Serène, 1984 : 101 (Ribes dans les références seulement, pas de spécimen de la Réunion). - Mission Poupin, avril 2008 (d'après photographies, aquarium de Saint-Gilles P. Durville).

445. *Pseudoliomera variolosa* (Borradaile, 1902)
Pseudoliomera variolosa - Ribes, 1978 : 127 (Réunion). - Serène, 1984 : 102 (Réunion dans le matériel examiné, coll. S. Ribes 20/1/1977, La Réunion, 30 m, sur *Galaxea* sp.). - Mission Poupin, avril 2008 (d'après photographies du programme Biotas).

446. *Xanthias cherbonnieri* Guinot, 1964
Xanthias cherbonnieri - Ribes, 1978 : 127 (Réunion). - Serène, 1984 : 196 (Réunion dans le matériel examiné, coll. S. Ribes, La Saline-les-Bains, pente externe 20 m, sur *Galaxea fascicularis*, MNHN B6653)

447. *Xanthias gilbertensis* Balss, 1938
Xanthias gilbertensis - Peyrot-Clausade, 1977 : annexe, p. 27 (Réunion) - Serène, 1984 : 196 (La Réunion dans le matériel examiné, récif de corail, coll. M. Peyrot-Clausade, MNHN B6771).

448. *Xanthias lamarckii* (H. Milne Edwards, 1834)
Xantho lamarckii - A. Milne-Edwards, 1862, annexe F : 4 (Réunion, coll. L. Maillard). - *Xanthias lamarckii* - Peyrot-Clausade, 1977 : annexe, p. 27 (Réunion) - Ribes, 1978 : 127 (Réunion). - Serène, 1984 : 195 (distribution). - Mission Poupin, avril 2008 (MNHN, st. 5, Le Sentier-Marin, l'Ermitage-les-Bains, 1 spécimen 9x13 mm ; photographies J. Poupin, programme Biotas).

449. *Xanthias lividus* (Lamarck, 1818)
Xantho lividus Lamarck, 1818 : 272 (l'holotype serait de la Réunion d'après Serène, 1984 ; pourtant Lamarck indique « île de France » dans son mémoire, ce qui correspond à l'île Maurice, et ce type n'est pas mentionné dans le catalogue des types de Cleva *et al.*, 2007). - *Xanthias lividus* - Serène, 1984 : 200 (Réunion dans le matériel examiné, holotype coll. sèche MNHN B2989).

450. *Zosimus aeneus* (Linnaeus, 1758)
Zozymus aeneus – A. Milne-Edwards, 1862, annexe F : 4 (Réunion, coll. L. Maillard). - *Zosimus aeneus* - BD internet du Parc marin à http://etic.univ-reunion.fr/parcmarin/ (Réunion, détermination inconnu). - Mission Poupin, avril 2008 (d'après des carapace et photographies d'A. Diringer, F. Trentin).

Super-famille Cryptochiroidea Paul'son, 1875
Famille Cryptochiridae Paul'son, 1875

451. *Cryptochirus coralliodytes* Heller, 1861
Troglocarcinus (*Favicola*) *rugosus* - Ribes, 1978 (détermination Banner). - *Cryptochirus coralliodytes* - Ng *et al.*, 2008 : 212 (liste des noms valides, *Cryptochirus rugosus* Edmonson, 1933 = *Troglocarcinus* (*Favicola*) *rugosus*, est un synonyme de *C. coralliodytes*). - Mission Poupin, avril 2008 (d'après photographies du programme Biotas, avec doute).

452. *Fizesereneia heimi* (Fize et Serène, 1956)
Troglocarcinus (*Nussicola*) *heimi* - Ribes, 1978 (Réunion). - *Fizesereneia heimi* - Ng *et al.*, 2008 : 212 (liste des noms valides).

453. *Hapalocarcinus marsupialis* Stimpson, 1859
Hapalocarcinus marsupialis - Ribes, 1978 (Réunion). - Mission Poupin, avril 2008 (d'après photographie S. Ribes, programme Biotas).

454. *Lithoscaptus paradoxus* A. Milne-Edwards, 1862
Lithoscaptus paradoxus A. Milne-Edwards, 1862, annexe F : 10 (Réunion, coll. L. Maillard). - Wei *et al.*, 2006 : 1068 (synonymie et spécimens de Taiwan).

455. *Opecarcinus crescentus* (Edmondson, 1925)
Troglocarcinus (*Troglocarcinus*) *crescentus* - Ribes, 1978 (Réunion). - *Opecarcinus crescentus* - Ng *et al.*, 2008 : 212 (liste des noms valides).

Super-famille Grapsoidea MacLeay, 1838
Famille Gecarcinidae MacLeay, 1838

456. *Cardisoma carnifex* (Herbst, 1796)
Cardisoma carnifex - Mission Poupin, avril 2008 (st. 6, estuaire des Trois-Bassins, photographies J. Poupin).

Famille Grapsidae MacLeay, 1838

457. *Euchirograpsus madagascariensis* Türkay, 1978
Euchirograpsus madagascariensis - Guinot, 1985 : 23 (Réunion, coll. *Marion-Dufresne*, MD32, 1982, 165-375 m, MNHN).

458. *Geograpsus crinipes* (Dana, 1851)
Geograpsus crinipes - Mission Poupin, avril 2008 (d'après photographie F. Trentin).

459. *Geograpsus grayi* (H. Milne Edwards, 1853)
Grapsus rubidus - Hoffman, 1874 : 22 (Réunion). - *Geograpsus grayi* - Ng *et al.*, 2008 : 216 (synonymie et liste des noms valides) - Mission Poupin, avril 2008 (d'après spécimens déterminés dans les collections du programme Biotas).

460. *Geograpsus stormi* De Man, 1895
Geograpsus stormi - Mission Poupin, avril 2008 (MNHN, st. 1, 1 femelle 19,3x25,3 mm, photographie J. Poupin, programme Biotas).

461. *Grapsus fourmanoiri* Crosnier, 1965
Grapsus fourmanoiri - Mission Poupin, avril 2008 (MNHN, st. 14, 1 femelle ovigère 27,4x30 mm).

462. *Grapsus tenuicrustatus* (Herbst, 1783)
Grapsus pharahonis - A. Milne-Edwards, 1862, annexe F : 6 (Réunion, coll. L. Maillard). - *Grapsus tenuicrustatus* - Mission Poupin, avril 2008 (MNHN, st. 1, 5 spp. 15,8x18,2-36,2x 40,0 mm, st. 14, 3 spp. 8x9,5-25,4x27,7 mm, photographies J. Poupin, programme Biotas). - Ng *et al.*, 2008 : 217 (liste des noms valides).

463. *Metopograpsus thukuhar* (Owen, 1839)
Metopograpsus thukuhar - Mission Poupin, avril 2008 (MNHN, st. 6, 6 spp. 12,3x15,8-21,7x25,9 mm).

464. *Pachygrapsus fakaravensis* Rathbun, 1907
Pachygrapsus fakaravensis - Mission Poupin, avril 2008 (MNHN, st. 10, 1 femelle ovigère, 19,6x21,6 mm).

465. *Pachygrapsus minutus* A. Milne-Edwards, 1873
Pachygrapsus minutus - Peyrot-Clausade, 1977 : annexe, p. 25 (Réunion).

466. *Pachygrapsus plicatus* (H. Milne Edwards, 1837)
Pachygrapsus plicatus - Poupin *et al.*, 2005 : 37 (Réunion dans le matériel examiné, Ruisseau de Saint-Benoit, leg. G. Petit, 1 mâle 11,4 x 14,8 mm, MNHN B12896). - Mission Poupin, avril 2008 (MNHN, st. 10, 5 spp. 9,3x11,4 mm, st. 14, 1 mâle 8,3x10,2 mm).

467. *Percnon abbreviatum* (Dana, 1851)
Percnon planissimum - Ribes-Beaudemoulin *et al., 2002* : 70 (Réunion), non *Percnon planissimum* (Herbst, 1804). - *Percnon abbreviatum* - Mission Poupin, avril 2008 (d'après photographies de L. Bêche, E. Lancelot, programme Biotas).

468. *Percnon affine* (H. Milne Edwards, 1853)
Percnon affine - Mission Poupin, avril 2008 (MNHN, st. 10, 1 femelle ovigère 28,3x25,8 mm, photographies J. Poupin, S. Ribes, programme Biotas).

469. *Percnon planis,simum* (Herbst, 1804)
Percnon planissimum - Mission Poupin, avril 2008 (MNHN, st. 10, 1 femelle ovigère 19,2x17,5 mm, st. 12, 1 mâle 29,8x27,8 mm, photographies J. Poupin, S. Ribes, programme Biotas).

470. *Plagusia immaculata* Lamarck, 1818
Plagusia immaculata - Mission Poupin, avril 2008 (détermination à partir de photographies, F. Trentin, programme Biotas).

471. *Plagusia squamosa* (Herbst, 1790)
Plagusia squamosa - Mission Poupin, avril 2008 (MNHN, st. 12, 1 femelle 23,4x26,2 mm).

472. *Planes major* (MacLeay, 1838)
Planes cyaneus - Ribes-Beaudemoulin *et al., 2002* : 178 (Réunion). - *Planes major* - Ng *et al.*, 2008 : 217 (synonymie). *Planes minutus*, signalé de la Réunion par A. Milne-Edwards (1862b, annexe F : 6, sous *Nautilograpsus minutus*, est une espèce essentiellement atlantique et ce signalement de l'océan Indien correspond sans doute à *P. major* (cf. Chace, 1951 : 80, fig. 8)

473. *Ptychognathus hachijoensis* T. Sakai, 1955
Ptychognathus hachijoensis - Monod, 1975 : 1009 (Réunion dans le matériel examiné, coll. T. Monod, dans le sable mouillé par des résurgences d'eau douce, à droite du cimetière de Saint-Pierre, 23 octobre 1973, détermination T. Sakai et T. Monod). - Mission Poupin, avril 2008 (MNHN, st. 1, 9 spp. 5,9x7,1-8,0x 9,5 mm ; photographies J. Poupin, programme Biotas).

Famille Sesarmidae Dana, 1851

474. *Parasesarma plicatum* (Latreille, 1806)
Parasesarma plicatum - Mission Poupin, avril 2008 (détermination à partir des photographies du programme Biotas).

Famille Varunidae H. Milne Edwards, 1853

475. *Cyclograpsus integer* H. Milne Edwards, 1837
Cyclograpsus latreilli - A. Milne-Edwards, 1862, annexe F : 6 (Réunion, coll. L. Maillard ; arbitrairement placé sous cette espèce, alors que Ng *et al.* (2008) indiquent que ce taxon est un synonyme de *Helice tridens*, une espèce japonaise dont la présence à la Réunion doit être vérifiée). - *Cyclograpsus integer* - Mission Poupin, avril 2008 (d'après photographie du programme Biotas).

476. *Pseudograpsus albus* Stimpson, 1858
Pseudograpsus albus - Mission Poupin, avril 2008 (MNHN, st. 1, Saint-Leu, photographies J. Poupin, programme Biotas).

477. *Varuna litterata* (Fabricius, 1798)
Varuna litterata - Keith *et al.*, 1999 : 58 (Réunion). - Mission Poupin, avril 2008 (d'après photographie du programme Biotas).

Super-famille Ocypodoidea Rafinesque, 1815
Famille Macrophthalmidae Dana, 1851

478. *Macrophthalmus* (*Macrophthalmus*) *parvimanus* Guérin, 1834
Macrophthalmus parvimanus - A. Milne-Edwards, 1862, annexe F : 6 (Réunion, coll. L. Maillard). - *Macrophthalmus* (*Macrophthalmus*) *parvimanus* - Ng *et al.*, 2008 : 237 (liste des noms valides).

Famille Ocypodidae Rafinesque, 1815

479. *Ocypode ceratophthalmus* (Pallas, 1772)
Ocypode ceratophthalma - A. Milne-Edwards, 1862, annexe F : 5 (Réunion, coll. L. Maillard). - *Ocypode ceratophthamus* - Ng *et al.*, 2008 : 240 (liste des noms valides). - Mission Poupin, avril 2008 (MNHN, st. 3, 1 femelle 35x39 mm).

480. *Ocypode cordimanus* Latreille, 1818
Ocypode cordimana - Hoffman, 1874 : 13 (Réunion). - *Ocypode cordimanus* - Mission Poupin, avril 2008 (d'après photographie de S. Ribes).

481. *Ocypode pallidula* Jacquinot, in Hombron et Jacquinot, 1846
Ocypode pallidula - Mission Poupin, avril 2008 (MNHN, st. 1, 5 spp. 6,4x8,0-13,9x17,3 mm).

482. *Uca* (*Gelasimus*) *tetragonon* (Herbst, 1790)
Gelasimus tetragonon - A. Milne-Edwards, 1862, annexe F : 6 (Réunion, coll. L. Maillard). - *Uca* (*Gelasimus*) *tetragonon* - Ng *et al.*, 2008 : 240 (liste des noms valides).

483. *Uca* (*Paraleptuca*) *chlorophthalmus* (H. Milne Edwards, 1837)
Gelasimus Chlorophthalmus - A. Milne-Edwards, 1862, annexe F : 6 (Réunion, coll. L. Maillard). - *Uca* (*Paraleptuca*) *chlorophthalmus* (H. Milne Edwards, 1837). - Ng *et al.*, 2008 : 240 (liste des noms valides). - Mission Poupin, avril 2008 (d'après photographies du programme Biotas).

Addendum

Signalements supplémentaires pour l'île de la Réunion, ajoutés au moment de la mise en page de ce travail.

Famille Rhynchocinetidae Ortmann, 1890

Cinetorhynchus hendersoni (Kemp, 1925)

Cinetorhynchus hendersoni - Mission Poupin, avril 2008 (1 mâle, dét. X. Li, 18/09/2008, MNHN).

Famille Hippolytidae Dana, 1852

Parhippolyte uveae Borradaile, 1900

Parhippolyte uveae - Réunion, photo F. Trentin, « grottes du Portail » Saint-Leu, 28 m, détermination préliminaire C. Fransen, J. Poupin.

Famille Crangonidae Haworth, 1825

Glyphocrangon saintlaurentae Komai, 2004

Glyphocrangon saintlaurentae Komai, 2004 : 487 (Réunion dans le matériel examiné, coll. *Marion-Dufresne*, MD32, st. CP21, août 1982, 4 030 m, holotype MNHN Na9841).

Famille Matutidae De Haan, 1835

Ashtoret lunaris (Forskål, 1775)

Matuta lunaris - Guinot, 1967 : 246 (catalogue des espèces de l'océan Indien occidental ; Réunion dans la distribution). *Ashtoret lunaris* – Ng *et al.*, 2008 : 50 (liste des noms valides).

Famille Xanthidae MacLeay, 1838

Etisus laevimanus Randall, 1840

Etisus laevimanus - Balss, 1934 : 508 (1 mâle 9x13 mm, coll. G. Petit, Saint-Pierre, Réunion).

© Vie océane/F. Trentin

Parhippolyte uveae. Les crevettes du genre *Parhippolyte* sont caractéristiques des grottes marines. *Parhippolyte mistica* (Clark, 1989) est une espèce très proche par sa morphologie et son patron de couleur de *P. uveae*. En attendant de pouvoir examiner des spécimens de la Réunion, il semble prudent d'attribuer cette photographie à *P. uveae*, première espèce reconnue dans le genre, à large distribution dans l'Indo-ouest Pacifique (C. Fransen comm. pers.).

Index des espèces illustrées

Résumé

Crustacés de la Réunion
Décapodes et stomatopodes

Ce travail présente un inventaire des crustacés décapodes et stomatopodes de l'île de la Réunion. Les espèces ont été récoltées et photographiées au cours d'une mission de terrain organisée du 28 mars au 17 avril 2008. Les observations ont été faites dans 16 stations situées sur la côte ouest de l'île. La bande côtière a été échantillonnée ainsi que les petits fonds du lagon, de jour et de nuit. Les spécimens récoltés sont déposés au Muséum d'histoire naturelle de Saint-Denis de la Réunion ou au Muséum national d'histoire naturelle de Paris. Cet inventaire a été complété par la reconnaissance d'espèces à partir des photographies effectuées au cours du programme ANR-Biotas de l'université de la Réunion ou celles transmises par des photographes sous-marins locaux. Quelques spécimens de profondeur, déposés à l'aquarium de Saint-Gilles ou photographiés lors d'une campagne de pêche au casier effectuée en octobre-novembre 2008, entre 200-600 m, ont également été étudiés. Ces nouvelles observations à la Réunion ont été complétées par une compilation bibliographique des espèces de crustacés déjà signalées de l'île, avec un historique des principaux épisodes de récoltes et une liste documentée des espèces réunionnaises.

Au total, 483 espèces sont signalées de la Réunion dont 64 nouveaux signalements. Environ 180 espèces sont illustrées en couleur et présentées par grands biotopes : milieu terrestre, estuaires, fonds sableux, fonds rocheux ou coralliens, associations symbiotiques et grands fonds océaniques. Une analyse zoogéographique montre que la plupart des crustacés de la Réunion sont distribués dans tout l'Indo-ouest Pacifique, avec quelques espèces endémiques de l'océan Indien occidental. Une base de données (http://biodivreunion.free.fr/) a été réalisée parallèlement à cette étude pour de futures mises à jour de l'inventaire.

Abstract

Crustaceans of Réunion

Decapods and stomatopods

This work presents an inventory of the crustacean (decapods and stomatopods) of the island of Réunion. Species were collected and photographed during field work undertaken from March 28 to April 17, 2008. The observations were made in 16 stations located on the west coast of the island. The coast and the shallow waters of the lagoon were sampled during day and night. The specimens collected are deposited in the Muséum d'histoire naturelle of Saint-Denis, Réunion and in the Museum national d'histoire naturelle, Paris. This inventory was supplemented by the identification of species from photographs taken during the ANR-Biotas research program of the University of Réunion and those transmitted by local underwater photographers. A few deep-water specimens, deposited at the aquarium of Saint-Gilles or photographed during a pot fishing survey made in October-November 2008, between 200-600 m, were also studied. These new observations at Réunion were complemented by a bibliographic compilation of the crustaceans species already reported from the island, including a history of the main sampling events and a documented checklist of the local species.

In total, 483 species are reported from Réunion, including 64 new records. Approximately 180 species are illustrated in color and presented by main habitats: terrestrial, estuaries, sandy bottoms, rocky or coral bottoms, symbiotic associations, and deep sea. A zoogeographical analysis shows that most of the crustaceans of Réunion are distributed throughout the Indo-West Pacific region, with a few species endemic to the western Indian Ocean. A database (http://biodivreunion.free.fr/) was set up parallel with this study in order to allow future updates of the inventory.

Photogravure :
Atelier 6 (Montpellier, France)

Impression :
IME (Baume-les-Dames, France)

Dépôt légal : décembre 2009